ABHANDLUNGEN DER DEUTSCHEN AKADEMIE
DER WISSENSCHAFTEN ZU BERLIN

Klasse für Mathematik, Physik und Technik
Jahrgang 1961 Nr. 2

JOACHIM RIENITZ

Über den Einfluß der teildurchlässigen Schichten auf den Wirkungsgrad von Zweistrahlinterferometern

Mit 35 Abbildungen und 2 Tabellen

AKADEMIE-VERLAG · BERLIN
1961

Vorgelegt von Hrn. Görlich in der Klassensitzung vom 13. Oktober 1960
Zum Druck genehmigt am gleichen Tage, ausgegeben am 10. 7. 1961

Erschienen im Akademie-Verlag GmbH, Berlin W 8, Leipziger Straße 3-4
Lizenz-Nr. 202 · 100/524/61

Gesamtherstellung: VEB Druckerei „Thomas Müntzer" Bad Langensalza
Bestellnummer: 2001/61/I/2
Preis: DM 7,80
Printed in Germany
ES 18 B 5

INHALTSVERZEICHNIS

1. Einleitung

Interferometer finden in immer stärkerem Maße in Wissenschaft und Technik Anwendung — man denke z. B. nur an die lebhafte Entwicklung der Interferenzmikroskopie [1] —, und eine beträchtliche Anzahl von Interferometern wird heute bereits von der Industrie serienmäßig hergestellt. Wie bei jedem anderen Industriegerät ist man auch hier bestrebt, einen möglichst hohen Wirkungsgrad zu erzielen, d. h. einen möglichst großen Bruchteil des Lichts, das in das Gerät eintritt, nutzbar zu machen. Für manche Zwecke, wie etwa die photographische Aufnahme bewegter Objekte oder die Beobachtung schwach reflektierender Oberflächen im Interferenzmikroskop oder die Untersuchung rasch verlaufender Strömungsvorgänge im MACH-ZEHNDER-Interferometer, ist dies eine unabdingbare Notwendigkeit.

Man kann und muß bei Interferometern die bekannten Mittel zur Erhöhung des Wirkungsgrades wie das Vergüten der optischen Flächen und die sonstigen Mittel zur Verringerung des Falschlichts [2] selbstverständlich auch heranziehen, aber eine besonders große Rolle für den Wirkungsgrad spielen die bisher wenig beachteten Eigenschaften der teildurchlässigen Flächen, an denen die Strahlen aufgespalten und wieder vereinigt werden. Wurden anfangs nur unverspiegelte und später auf chemischem Wege teildurchlässig verspiegelte Flächen benutzt, die wenig Variationsmöglichkeiten boten, so eröffnet die heutige Technik, metallische oder nichtmetallische Schichten aufzudampfen, nicht nur die Möglichkeit, den Wirkungsgrad beträchtlich zu steigern, sondern auch die Interferometer bestimmten Zwecken besonders gut anzupassen

Ein weitverbreiteter Irrtum soll in dieser Arbeit richtiggestellt werden. Von 27 namhaften Autoren schreiben 21, die Trennfläche des MICHELSON-Interferometers solle „halbdurchlässig" verspiegelt sein; nur 6 drücken sich vorsichtiger etwa in folgender Weise aus: „Das Licht wird teils reflektiert, teils geht es hindurch." Zunächst ist bei den heute noch überwiegend benutzten Metallschichten die Bezeichnung „halbdurchlässig" zu bemängeln, denn man muß zur Strahlenteilung im MICHELSON-Interferometer Schichtdicken in der Nähe des Absorptionsmaximums benutzen, das bei Silber bis etwa 40% betragen kann. Die Bezeichnung bedeutet, und gelegentlich wird dies auch besonders betont, daß der reflektierte Anteil des Lichts gleich dem hindurchgelassenen sein soll. Es wird jedoch unten rechnerisch gezeigt werden, daß nur bei nichtabsorbierenden Schichten (oder bei absorbierenden Schichten in einigen Sonderfällen) das Maximum des Wirkungsgrades an dieser Stelle liegt. Auswertungen von Messungen an Silberschichten bestätigen, daß in der Praxis das Maximum des Wirkungsgrades meist bei anderen Schichtdicken liegt und daß es u. U. sogar doppelt so groß sein kann wie der Wirkungsgrad bei derjenigen Schichtdicke, bei der reflektierter und hindurchgelassener Anteil gleich sind.

Angaben über die optimalen Daten der teildurchlässigen Schichten für Zweistrahlinterferometer hat Verf. in der Literatur nicht finden können. Ferner sind ihm nur zwei Zahlenangaben für den Wirkungsgrad bekanntgeworden: HANSEN [3] schreibt, daß bei einem von ihm ausgeführten MACH-ZEHNDER-Interferometer „die gesamte Lichtausbeute ... etwa 17% des einfallenden Lichtes" sei, und KINDER [4] berichtet, daß die Durchlässigkeit ebenfalls eines Mach-Zehnder-Interferometers etwa 37% betrage. Beide Angaben sind jedoch mit Vorsicht zu betrachten. Die Hansensche stimmt nicht mit den etwa 12,5% überein, die sich aus den angegebenen Werten für Reflexions- und Durchlässigkeitsvermögen (je etwa 25%) errechnen lassen (vgl. unten Formel (6) u. Abschn. 42). Bei Kinder fehlen Angaben über Reflexions- und Durchlässigkeitsvermögen der teildurchlässigen Schichten, so daß nicht ersichtlich ist, wie der Zahlenwert zustandekommt. Ferner sind als in die hier eingeschlagene Richtung gehörig noch folgende Arbeiten zu nennen: zunächst die Versuche, die an der nicht zur Strahlenteilung benutzten zweiten Fläche der Trennplatte des Michelson-Interferometers entstehenden sogenannten Nebenbilder dadurch zu vernichten, daß man den Strahl unter dem Polarisationswinkel einfallen läßt [5] S. 120, [6], dann die Untersuchungen von Rühle [7], in denen für eine interferenzmikroskopische Auflichtanordnung gezeigt wird, wie das Reflexionsvermögen der gleichzeitig als Trenn- und Vergleichsfläche dienenden teildurchlässigen Schicht bei gegebenem Reflexionsvermögen des Prüflings gewählt werden muß, um vollständige Auslöschung im Minimum zu erhalten; schließlich sind noch die Bemerkungen von Räntsch [8] über den Kontrast der Interferenzen bei Ungleichheit der Reflexionsvermögen von Prüfling und Vergleichsspiegel in einer interferenzmikroskopischen Michelson-Anordnung zu erwähnen.

Für die Mehrstrahl-Interferometrie liegen einige tiefergehende Arbeiten vor; wir wollen hier nur die Untersuchungen von Tolansky [9], Holden [10] sowie Bright, Jackson und Kuhn [11] erwähnen. Hier lag eine unmittelbare Notwendigkeit vor, weil das Verfahren ohne eine ausgefeilte Schichttechnik wenig wirkungsvoll ist. Eine entsprechende Beachtung der Schichttechnik wird jedoch auch, wie die folgenden Abschnitte zeigen werden, für die Zweistrahlinterferometrie von Nutzen sein.

Ein Mangel der vorliegenden Arbeit ist zweifellos der, daß der Verf. nicht in der Lage war, selbst Schichten in genügender Anzahl und Verschiedenheit herzustellen und an ihnen Messungen vorzunehmen. Eine Anzahl der für die folgenden Betrachtungen an sich notwendigen Messungen ist noch nicht durchgeführt worden, was bei dem komplexem Gebiet der dünnen Schichten nicht verwunderlich ist. Eine Rechnung hätte wegen ihrer Mühseligkeit auf wenige spezielle Fälle beschränkt bleiben müssen, und überdies wäre vielfach die Übereinstimmung des errechneten Resultats mit dem Experiment fraglich gewesen [12] S. 311, [13] S. 177. Daher wurde größtenteils unter anderen experimentellen Bedingungen gewonnenes Material aus der Literatur benutzt, das dann natürlich häufig nur allgemeine Schlüsse erlaubt. Auf diese Weise wird jedoch sicher eine viel weitergehende Übersicht über die sich bietenden Möglichkeiten erzielt als durch Rechnung. Verf. ist der Ansicht, daß die im folgenden gezogenenen Schlüsse durch das vorliegende Material genügend gestützt sind und die Vielfalt und Nützlichkeit der aus ihnen resultierenden Möglichkeiten ihre Bekanntgabe rechtfertigen wird. Bis zur Verwirklichung mancher Gedanken wird sicher noch ein weiter Weg zurückzulegen sein, aber es wird sicher auch aus den folgenden Ausführungen mit genügender Deutlichkeit hervorgehen, daß dies bei einem so komplexen Gebiet wie dem hier angeschnittenen nicht anders möglich ist. Ein Teil der gewonnenen Erkenntnisse wird sich jedoch unmittelbar anwenden lassen und ohne allzuviel Mühe den Weg in die Nähe des Optimums zeigen oder zum mindesten Fehler vermeiden helfen.

2. Der Wirkungsgrad eines Zweistrahlinterferometers

Wir wollen der Einfachheit wegen die in das Interferometer hineingesandte Intensität stets gleich 1 setzen. An der ersten strahlenteilenden Schicht S (Abb. 1) wird das Lichtbündel in einen reflektierten Anteil R und in einen hindurchgelassenen Anteil T aufgespalten, deren

Intensitäten wegen der obigen Voraussetzung numerisch gleich dem Reflexions- bzw. dem Durchlässigkeits-(Transmissions-)Vermögen der Schicht sind. Wir wollen die Buchstaben R und T für die letzteren verwenden. Für nichtabsorbierende Schichten gilt $R + T = 1$, für absorbierende $R + T + A = 1$, wobei A das Absorptionsvermögen der Schicht ist. Wir wollen ferner bei den allgemeinen Betrachtungen i. a. Licht voraussetzen, das in einer der beiden bevorzugten Richtungen (senkrecht zur oder in der Ebene des Einfalls auf die Trennfläche) linear polarisiert ist.

Wenn wir die einzelnen später miteinander interferierenden Strahlenanteile auf ihrem Weg durch das Interferometer verfolgen, so erhalten wir die Intensität eines jeden Anteils an einer beliebigen Stelle numerisch einfach dadurch, daß wir das Produkt der Reflexions- und Transmissionskoeffizienten derjenigen Schichten bilden, an denen der betreffende Anteil auf seinem Weg bis zu diesem Punkt reflektiert wurde bzw. durch die er hindurchgegangen ist. Geht z. B. der an der Schicht S (Abb. 1) reflektierte Strahl R durch eine zweite Schicht mit dem Durchlässigkeitsvermögen T' hindurch, so ist die Intensität nach dem Durchgang gleich RT'. Am Ausgang des Interferometers werden die Intensitäten der wieder zusammengeführten und nunmehr miteinander interferierenden Anteile addiert, und ihre Summe ergibt den Wirkungsgrad, wie er zu Beginn des Abschnitts 1 definiert worden war, d. h. also denjenigen Bruchteil (weil R und T auch echte Brüche sind) des einfallenden Lichts, der das Interferometer wieder verläßt. Wir wollen hierbei vereinfachend annehmen, daß außer an teildurchlässigen Schichten keine weiteren Energieverluste auftreten, d. h. alle Vollspiegel und alle durchlässigen, nicht der Strahlenteilung oder -zusammenführung dienenden optischen Elemente sollen ideal sein.

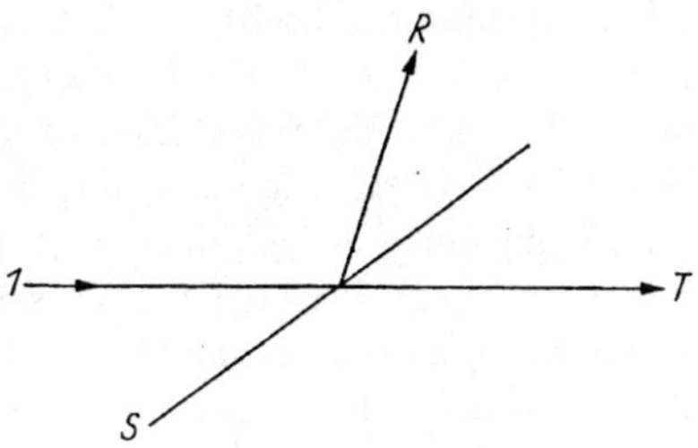

Abb. 1. Strahlenteilung an einer teildurchlässigen Fläche.

Diese soeben gegebene Definition des Wirkungsgrades muß noch einigen notwendigen Bedingungen unterworfen werden, wenn sie sinnvoll sein soll. Das Interferometer soll ja nicht nur eine möglichst große Ausgangsenergie, sondern vor allem auch ein möglichst kontrastreiches Interferenzbild liefern. Beides ist nicht immer miteinander vereinbar; wir werden unten sogar einen Fall kennenlernen, bei dem der maximale Kontrast nahezu im Minimum der Ausgangsenergie liegt.

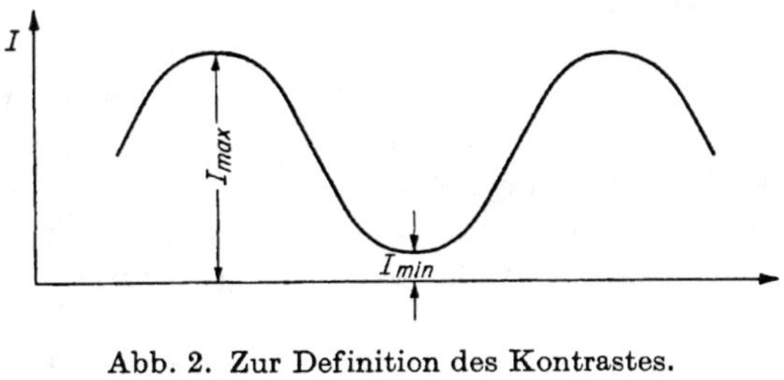

Abb. 2. Zur Definition des Kontrastes.

Die erste Bedingung ist die der Intensitätsgleichheit der miteinander interferierenden Strahlenanteile. Nur sie liefert, allerdings mit einer unten zu besprechenden Einschränkung, den Kontrast 1, den höchsten erreichbaren Wert.

Wir haben dabei von den verschiedenen Definitionen des Kontrastes die am häufigsten benutzte

$$K = \frac{I_{\max} - I_{\min}}{I_{\max}}$$

gewählt, worin $I_{\max}$ die Intensität eines Interferenzmaximums, $I_{\min}$ die Intensität eines Interferenzminimums bedeutet (vgl. Abb. 2).

Die Zweistrahlinterferometrie ist hier gegenüber der Mehrstrahlinterferometrie in einer besonders glücklichen Lage, denn ihre wichtigsten Anordnungen sind symmetrisch bzw.

können symmetrisch gemacht werden. Unter einem symmetrischen Interferometer wollen wir ein solches verstehen, bei dem jeder der interferierenden Anteile auf seinem Weg durch das Interferometer nach Art und Anzahl völlig gleichen Operationen wie Reflexion, Durchgang usw. unterworfen wird, wobei es auf die Reihenfolge nicht ankommt. Wenn alle passierten teildurchlässigen Flächen gleich sind, hat man bei einem solchen symmetrischen Interferometer stets Intensitätsgleichheit und damit den Kontrast 1; man braucht hier nur noch darauf zu achten, diejenige Schichtdicke zu ermitteln, bei der die Ausgangsenergie ein Maximum erreicht, um eine maximale Wirksamkeit des Geräts zu erzielen. Hier ist also ein Wirkungsgrad, dessen Maximum die Maxima aller für den Verwendungszweck des Interferometers wichtigen Faktoren umfaßt, einfach und eindeutig zu definieren.

Komplizierter sind die Verhältnisse bei den unsymmetrischen Interferometern, besonders bei den Mehrstrahlanordnungen. Bei den letzteren nimmt z. B. die Halbwertsbreite der Streifen mit zunehmendem Reflexionsvermögen der teildurchlässigen Schicht ab, und die Meßgenauigkeit nimmt dementsprechend zu, aber gleichzeitig verringert sich der Kontrast (vgl. [9], [10], [11]). Bei den unsymmetrischen Zweistrahlinterferometern werden wir Fälle kennenlernen, bei denen die Intensitätsgleichheit nur bei einer in der Nähe des Minimums der Ausgangsenergie liegenden Schichtdicke zu erzielen ist. Hier ist es sicher möglich, auf Intensitätsgleichheit zu verzichten und eine Einbuße an Konstrast gegen eine Zunahme an Ausgangsenergie einzutauschen, ähnlich wie in der Mehrstrahl-Interferometrie, wo man auf Kontrast verzichtet, um schärfere Interferenzstreifen zu erzielen. Man kann z. B. mit genügend hartem photographischem Aufnahmematerial den Kontrast noch nachträglich sehr verbessern; nach Untersuchungen von Räntsch [8] geben recht beträchtliche Unterschiede im Reflexionsvermögen der beiden Vollspiegel eines Michelson-Interferometers noch guten Kontrast, und der Verf. hat noch bei einem (rechnerisch ermittelten) Intensitätsunterschied von 1:50 Interferenzstreifen mittleren Kontrastes und bei einem solchen von 1:600 noch deutlich sichtbare beobachtet. Es scheinen jedoch noch keine Untersuchungen über die Größe des Kontrastes, bis zu der man billigerweise gehen kann, vorzuliegen, und so soll in diesen eine erste Orientierung anstrebenden Untersuchungen auf einen solchen Kompromiß nicht eingegangen und stets Intensitätsgleichheit vorausgesetzt werden.

Intensitätsgleichheit der miteinander interferierenden Strahlenanteile führt jedoch dann nicht zu maximalem Kontrast, wenn die Polarisationsverhältnisse in beiden Anteilen verschieden sind. Gleiche Polarisationsverhältnisse soll dabei bedeuten, daß in jedem möglichen Schwingungsazimut die Intensität des einen der beiden miteinander interferierenden Strahlenanteile gleich der Intensität des anderen ist; ungleiche Polarisationsverhältnisse besagt, daß es Schwingungsazimute gibt, in denen beide Intensitäten ungleich sind.

Wir können diesen der Umgangssprache entlehnten Ausdruck präziser fassen, wenn wir von dem Begriff des Polarisationsgrades ausgehen, wobei wir uns auf linear polarisiertes Licht beschränken wollen. Das sogenannte „natürliche Licht" zeigt beim Drehen eines Analysators keine Helligkeitsschwankungen. Man kann es sich zusammengesetzt denken aus linear polarisierten Schwingungen gleicher Intensität, die über alle Schwingungsazimute gleichmäßig verteilt sind. Die Enden der Vektoren, die die Intensität nach Größe und Richtung angeben, liegen daher auf einem Kreis, wenn man sie von einem Punkt aus aufträgt. Wenn die Intensitäten in den verschiedenen Schwingungsazimuten ungleich sind, dann erhält man aus dem Kreis eine andere Figur; im einfachsten Fall ist es eine Ellipse (vgl. Abb. 3, Fig. a), die jedoch nicht mit der Schwingungsellipse einer elliptisch polarisierten Schwingung zu verwechseln ist. I_1 und I_2 sind der große und der kleine Durchmesser; die Intensität in dem beliebigen Schwingungsazimut 1—1 wird durch den in der gleichen Richtung gezogenen Durchmesser angegeben. Der Polarisationsgrad wird dann bekanntlich durch

$$p = \frac{I_1 - I_2}{I_1 + I_2} \tag{2}$$

definiert.

Wenn nun in den beiden Zweigen des Interferometers verschiedene Polarisationsverhältnisse herrschen, dann werden die zu diesen Zweigen gehörenden Ellipsen sich nicht decken (Abb. 3, Fig. b). In einem beliebig herausgegriffenen Azimut sind die Intensitäten I_1 bzw. I_2 der beiden Anteile im allgemeinen ungleich. Derjenige Bruchteil von I_2, der ebenso groß ist wie I_1, würde mit diesem zusammen Interferenzen vom Kontrast 1 ergeben. Der über I_1 hinausragende Anteil von I_2 bewirkt jedoch eine Kontrastminderung. Man kann daher

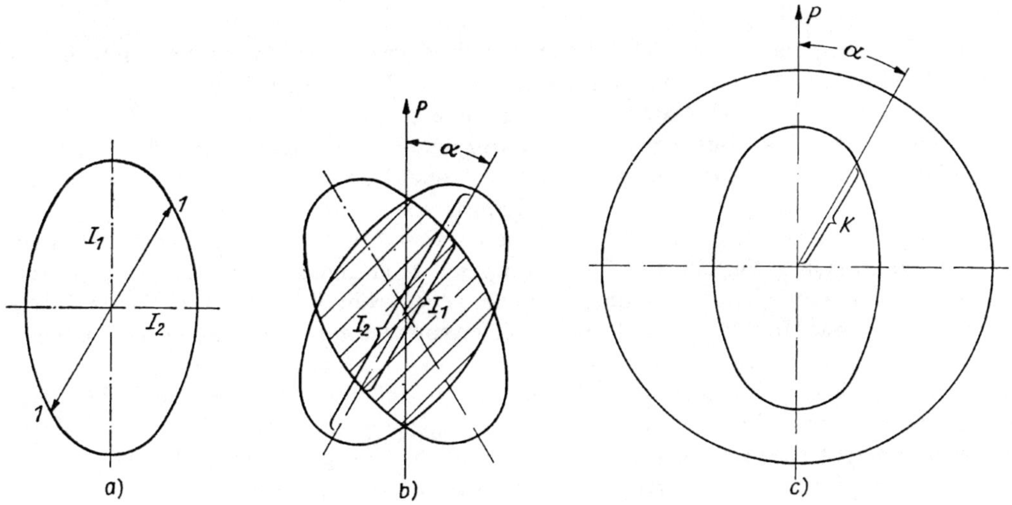

Abb. 3. Zur Diskussion des Einflusses des Polarisationszustandes.

als Maß für die Gleichheit der Polarisationsverhältnisse oder auch die Größe des Kontrastes das Verhältnis der von beiden Ellipsen gemeinsam überdeckten Fläche (in der Figur schraffiert), doppelt gerechnet, zu der Summe der Flächen beider Ellipsen benutzen.

Eine exaktere Definition können wir in folgender Weise erhalten: Wir wählen eine Polarachse P (s. Fig. b), von der aus wir das Azimut α zählen. Für jedes Azimut α können wir nun eine Größe definieren, die die Gleichheit oder Ungleichheit der Intensitäten in dieser Richtung angibt. Auf den ersten Blick könnte eine ähnliche Definition wie die des Polarisationsgrades naheliegen. Dieser ist jedoch Null bei $I_1 = I_2$ und Eins, wenn I_1 oder I_2 Null ist, während hier für den ersten Fall (Intensitätsgleichheit) Eins und für den zweiten Null zweckmäßiger ist. Wir wählen daher für diese Größe k die Definition

$$k = \frac{|I_1 + I_2| - |I_1 - I_2|}{|I_1 + I_2|}, \tag{3}$$

die dieses leistet. Dabei sind I_1 und I_2 und damit auch k Funktionen von α.

Um nun ein Maß für die Gleichheit oder Ungleichheit der auf jeweils das gleiche Azimut bezogenen Intensitäten im ganzen Bündel zu gewinnen, müssen wir über α von 0 bis 2π integrieren. Dabei ist es auch wieder zweckmäßig, so zu normieren, daß für völlig gleiche Intensitätsverhältnisse sich der Wert 1 ergibt. Diese Normierung wird in folgender Weise erreicht. Sind die Intensitäten in jedem Azimut gleich, dann ist k stets Eins. Trägt man k von einem festen Punkt in seinem zugehörigen Azimut ab (Abb. 3, Fig. c), so beschreibt der

Endpunkt des Vektors k einen Kreis vom Radius Eins. Ist k nicht überall gleich Eins, so erhält man eine andere Figur. In Figur c ist der Einfachheit wegen eine Ellipse gewählt worden, es kann jedoch auch eine andere Figur sein. Das Verhältnis zwischen dem Flächeninhalt dieser Figur und dem des Kreises, das ja bei Gleichheit beider Eins wird, soll nun als Maß für die Gleichheit der Intensitäten im gesamten Bündel, d. h. also für die Gleichheit der Polarisationsverhältnisse, genommen werden. Aus der bekannten Formel für die Berechnung eines Flächeninhalts in Polarkoordinaten und der Formel für den Kreisinhalt erhalten wir für diese K genannte Größe

$$K = \frac{1}{2\pi} \int_0^{2\pi} k^2_{(\alpha)}\, d\alpha\,. \tag{4}$$

Gleiche Polarisationsverhältnisse sind stets in völlig symmetrischen Interferometern vorhanden. Sind sie dagegen, wie meist in den unsymmetrischen Interferometern, verschieden, so kann man u. U. durch Vorrichtungen, die in einem Strahlengang die Polarisationsebene drehen, durch Polarisatoren vor oder hinter dem Interferometer oder durch andere Mittel eine Angleichung erreichen, wobei jedoch stets ein, vor allem bei Benutzung von Polarisatoren nicht geringer, Verlust an Wirkungsgrad eintritt. Wir wollen hier die Polarisationsverhältnisse völlig außer Betracht lassen, weil ihre genaue Diskussion, vor allem die der nicht einfachen Verhältnisse bei den dünnen teildurchlässigen Schichten, zu umfangreich werden würde, in erster Linie jedoch deswegen, weil die beiden wichtigsten Interferometertypen, das Michelson- und das Mach-Zehnder-Interferometer, in der üblichen Benutzungsweise meist symmetrisch ausgeführt werden. Bei unsymmetrischen Interferometern wollen wir uns jedoch stets vor Augen halten, daß eine Verschiedenheit der Polarisationsverhältnisse und damit eine Kontrastverringerung eintreten kann. In der Mehrstrahlinterferometrie sind übrigens alle dem Verf. bekanntgewordenen Kontrastuntersuchungen auch nur auf Betrachtungen der Intensitätsverhältnisse ohne Berücksichtigung etwaiger Verschiedenheiten der Polarisationsverhältnisse gegründet worden.

Weitere Bedingungen sind durch geeignete Justierung des Interferometers zu erfüllen. Als erste ist die Einstellung auf den Gangunterschied Null oder zum mindesten in seine Nähe zu nennen, denn dort ist der Kontrast am stärksten [14], [15]. Der Abfall des Kontrastes mit zunehmendem Gangunterschied hängt von der Monochromasie des benutzten Lichts sowie von der Apertur des Interferometers ab [1], [14], [15]. Weiterhin ist zu bedenken, daß an die Justierung der im Interferometer sichtbaren Bilder der Lichtquelle gegeneinander gewisse Anforderungen zu stellen sind. Die Lichtquelle besteht aus einzelnen leuchtenden, miteinander nicht kohärenten Punkten. Daher ist es z. B. keineswegs gleichgültig, ob die Bilder der Lichtquelle um die Strahlrichtung als Achse gegeneinander verdreht sind oder nicht. Eine solche Drehung, wie sie in geringem Maße beim Mach-Zehnder-Interferometer sowie auch beim Michelson-Interferometer mit Rechtwinkelspiegeln [16], [17] möglich ist, führt nicht nur zu einer Verengung der Interferenzstreifen, sondern vor allem zu einer starken Kontrastverringerung, so daß bereits nach geringer Drehung keine Interferenzen mehr zu sehen sind. Ferner muß die Interferenzerscheinung in der Schärfeebene des Beobachtungsgeräts (Fernrohr, Mikroskop etc.) liegen, besonders wenn die Apertur groß und damit die Schärfentiefe klein ist, denn jede Defokusierung bewirkt gleichfalls eine Kontrastverringerung [14], [15]. Bei Streifen gleicher Dicke ist zu diesem Zweck beim Michelson-Interferometer unabhängig von der Justierung nur eine Einstellung des Beobachtungsgeräts nötig, nämlich (bei nicht zu großem Gangunterschied) in die Nähe der Spiegel [18]. Bei Interferometern dagegen, die mehr Freiheitsgrade der Justierung besitzen, bei denen also die Bilder der Lichtquelle in beträchtlichem Maße seitlich gegeneinander verschoben oder gedreht werden können wie beim MACH-ZEHNDER- oder dem oben erwähnten MICHELSON-Interferometer mit Rechtwinkelspiegeln, hängt der Ort der Interferenzen von dieser Verschiebung ab. Er kann sogar außerhalb des Interferometers liegen [18], so daß das Beobachtungsgerät in geeigneter Weise nachzujustieren ist. Schließlich sei als letzte in dieser sicher nicht vollständigen Reihe noch die Bemerkung gemacht, daß auch Größe und Form der Lichtquelle von Einfluß auf den Kontrast sind [19], [20]. Wir wollen auch alle in diesem Abschnitt genannten Bedingungen als in idealer Weise erfüllt annehmen.

Zur Vereinfachung der Betrachtungen wollen wir ferner annehmen, daß alle strahlenteilenden und -zusammenführenden Flächen in beiden Durchgangsrichtungen gleichwertig sind. Dies wird praktisch meist durch einen Trennwürfel erreicht, d. h. einen aus zwei Rechtwinkelprismen, bei deren einem die Hypotenusenfläche teildurchlässig verspiegelt ist, zusammengekitteten Würfel. Streng genommen ist jedoch auch ein Trennwürfel als unsymmetrisch anzusehen. Zunächst gilt dies für den Fall, daß der Kanadabalsam einen anderen Brechungsindex bzw. beim Arbeiten mit nichtmonochromatischem Licht eine andere Dispersion als das Glas hat, denn bei ungleichen Brechungsindizes auf beiden Seiten der Schicht sind R und A (dagegen nicht T) und damit auch die Polarisationsverhältnisse für beide Seiten verschieden [21]—[23]. Man kann jedoch eine Kittschicht vermeiden und beide Würfelhälften aneinandersprengen. Hier ist jedoch ebenso wie bei dem Fall der gleichen Brechungsindizes von Glas und Kanadabalsam zu bedenken, daß eine teildurchlässige Schicht schon in sich unsymmetrisch sein kann, weil beim Aufbringen die Atome sich an der an die Unterlage grenzenden Seite der Schicht u. U. anders gruppieren können als an der Außenseite. Goos [24] hat eine derartige Unsymmetrie bei kathodenzerstäubten Silberschichten gefunden, während KRAUTKRÄMER [25] bei aufgedampften Silberschichten keine solche feststellen konnte. Ein Parallelfall zum unsymmetrischen Trennwürfel liegt übrigens dann vor, wenn z. B. beim MACH-ZEHNDER-Interferometer zwei zwar symmetrische, aber nicht identische Schichten als Trenn- und Vereinigungsschicht benutzt werden (vgl. Abschnitt 43). Wenn man alle angeführten Punkte beachtet, kann man jedoch einen Trennwürfel mit genügender Annäherung symmetrisch gestalten. Zu beachten ist ferner, daß bei einem Trennwürfel, besonders wenn er zur Untersuchung sehr schwach reflektierender Objekte in der MICHELSON-Anordnung benutzt wird, eine Vergütung der Würfelflächen unerläßlich ist.

Wir wollen schließlich annehmen, daß sich im Gesichtsfeld des am Ausgang des Interferometers zum Messen oder Beobachten benutzten Instruments ebensoviel helle wie dunkle Interferenzstreifen befinden, und zwar aus folgendem Grund. Die hier anzustellenden Betrachtungen beziehen sich nur auf Mittelwerte und berücksichtigen nicht die Verteilung der Energie im Interferenzfeld. Bei ungleicher Anzahl heller und dunkler Interferenzstreifen tritt eine Abweichung vom Mittelwert auf, die um so größer wird, je geringer die Anzahl der Streifen ist. Am stärksten ist sie beim Interferenzkontrast [26], bei dem ohne Objekt z. B. ein dunkler Streifen das ganze Gesichtsfeld ausfüllen kann. Da alle Interferometer mit teildurchlässigen strahlenzusammenführenden Flächen zwei Ausgänge besitzen, findet sich der am Mittelwert fehlende Energiebetrag aus energetischen Gründen als Überschuß über den Mittelwert im anderen Ausgang wieder.

3. Das Michelson-Interferometer

31. *Übliche Beobachtungweise*

311. Allgemeines

Als erstes betrachten wir das Michelson-Interferometer in der üblichen Benutzungsweise, wie sie in Abb. 4 skizziert ist. Wir führen die Ermittlung der Intensitäten der beiden miteinander interferierenden Strahlenanteile in der im Abschnitt 2 geschilderten Weise durch und finden, daß beide einander gleich sind. Diese einfache Erkenntnis hat Verf. nur an zwei Stellen der Literatur erwähnt gefunden [27], [28] S. 77. Die Bedingung der Intensitätsgleichheit ist also hier, wie es bei einem symmetrischen Interferometer nicht anders sein kann, stets erfüllt, gleichgültig, welche Werte R und T im Einzelfalle annehmen. Dies gilt jedoch wohlgemerkt nur für den Fall der Gleichheit der Reflexionsvermögen beider Endspiegel S. Sind diese ungleich, wie es z. B. in der Interferenzmikroskopie häufig vorkommt, so ist hier, außer durch absorbierende Mittel in einem Zweig des Interferometers, keine Intensitätsgleichheit zu erzielen, weil Trenn- und Vereinigungsfläche zusammenfallen. Beim Mach-Zehnder-Interferometer oder bei entsprechender Benutzungsweise auch beim Michelson-Interferometer mit Rechtwinkelspiegeln [16], [17] ist dies nicht der Fall; hier kann daher ein eventuell notwendiger Ausgleich in besserer Weise durch Wahl ungleicher Schichten erfolgen.

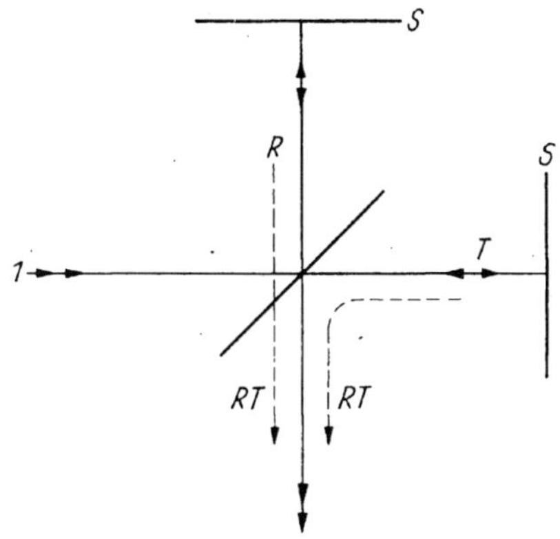

Abb. 4. Intensitätsverhältnisse bei einem Michelson-Interferometer bei üblicher Beobachtungsweise.

Anders dagegen liegen die Verhältnisse beim Michelson-Interferometer in der ursprünglichen Form mit Trennplatte P und Kompensationsplatte K (Abb. 5). Kennedy [6], der die hier auftretende Ungleichheit der Intensitäten beider Strahlenanteile offenbar als erster erwähnte, stellte Intensitätsgleichheit dadurch her, daß er Endspiegel S mit verschiedenen Reflexionsvermögen benutzte. In Abb. 5 ist der oben erwähnten Tatsache Rechnung getragen worden, daß das Reflexionsvermögen R^+ bei Einfall von der Luftseite her einen anderen Wert hat als das Reflexionsvermögen R bei Einfall von der Glasseite. Da

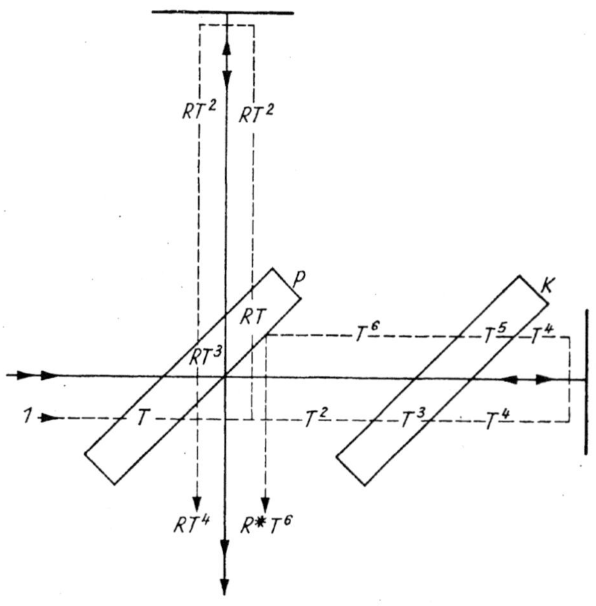

Abb. 5. Intensitätsverhältnisse bei einem Michelson-Interferometer mit Trenn- und Kompensationsplatte.

das erstere größer als das letztere ist, so ist es denkbar, daß die aus Abb. 5 abzulesende Bedingung für die Intensitätsgleichheit

$$\frac{R}{R^+} = T^2 \,(< 1) \tag{5}$$

bei der einen oder anderen Schicht erfüllbar wäre. Selbst wenn dies, was wenig wahrscheinlich ist, im Maximum der Ausgangsenergie einträte, so bewirkt die gegenüber Abb. 4 höhere Potenz von T, daß hier in keinem Falle ein so hoher Wirkungsgrad erreicht werden könnte wie beim MICHELSON-Interferometer mit Trennwürfel. In Abb. 4 sind zwar die Glas-Luft-Flächen des Trennwürfels vernachlässigt worden, während in Abb. 5 alle Flächen berücksichtigt sind. Es ist jedoch zu bedenken, daß im ersten Falle diese Flächen senkrecht durchsetzt werden und daher ein größeres T haben als im zweiten Falle, und daß ihre Anzahl in einem Zweig des Interferometers um eins, im anderen um zwei kleiner ist als im letzteren Falle. Berücksichtigt man noch, daß durch die Verschiedenheit der Reflexionsvermögen und der Anzahl der durchsetzten Flächen in beiden Zweigen die Polarisationsverhältnisse verschieden sind, so sieht man, daß das MICHELSON-Interferometer mit Trenn- und Kompensationsplatte stets als unsymmetrisch anzusehen ist.

Bei einer unverspiegelten Trennschicht, wie sie ursprünglich im MICHELSON- und auch im MACH-ZEHNDER-Interferometer benutzt wurde, ist $R^+ = R$, und die Bedingung (5) für die Intensitätsgleichheit nimmt die Form $T^2 = 1$ an. Es ist also keine Intensitätsgleichheit erreichbar, jedoch nähert man sich um so mehr dieser und damit dem Kontrast 1, je größer T und je kleiner demnach R wird. Da bei unverspiegeltem Glas die Durchlässigkeiten groß sind, ist auch der Kontrast groß. Ungünstiger wird diese Anordnung jedoch bei sehr großen Einfallswinkeln, bei denen die Durchlässigkeit stark abnimmt. Für Glas von einem Brechungsindex von $n = 1{,}5$ ermittelt man leicht aus den FRESNELschen Formeln bei einem Einfallswinkel von 45° für die parallel zur Einfallsebene schwingende Komponente $R_{||} = 0{,}004$, $K_{||} = 0{,}996$, für die senkrechte $R_\perp = 0{,}11$ und $T_\perp = 0{,}89$. Aus diesen Werten und den aus Abb. 5 für $R = R^+$ sich ergebenden Ausdrücken für die Intensitäten errechnet sich für die parallele Komponente ein Kontrast von $K_{||} = 0{,}96$, für die senkrechte dagegen $K_\perp = 0{,}89$. Die Ausgangsintensitäten sind dagegen sehr unterschiedlich, sie betragen 0,7% bzw. 12,4% der eingestrahlten Intensität. — Wir wollen die soeben gebrauchte Bezeichnung „Ausgangsintensität" dann benutzen, wenn es auf Intensitätsgleichheit oder -ungleichheit nicht ankommt und von „Wirkungsgrad", wie bereits in Abschnitt 2 festgelegt worden war, nur bei Intensitätsgleichheit sprechen.

Wir kehren zu Abb. 4 zurück und entnehmen ihr, daß der Wirkungsgrad im oben definierten Sinne als Summe der Intensitäten der miteinander interferierenden Strahlenanteile unter der Bedingung der Intensitätsgleichheit

$$W = 2\,R\,T \tag{6}$$

beträgt.

Bei gegebener Wellenlänge λ sind R, T und A Funktionen der Dicke D der teildurchlässigen Schicht. Eine einfache Überlegung ergibt, daß in den beiden Extremfällen, großes R und kleines T und umgekehrt, der Wirkungsgrad gering ist, und daß demnach bei mittleren Werten ein Maximum liegen muß. Die Formeln für die Abhängigkeit der genannten Größen von der Schichtdicke sind recht umfangreich und stimmen z. T. nicht sehr gut mit den Experimenten überein, so daß wir auf eine explizite Ausrechnung dieses Maximums verzichten wollen. Statt dessen wollen wir ganz allgemein mit den Funktionen $R_{(D)}$, $T_{(D)}$ und $A_{(D)}$ rechnen, ohne über ihre Form mehr als nur ganz allgemeine Angaben zu machen.

Aus

$$W = 2\,R_{(D)}\,T_{(D)} \tag{6a}$$

und der Nebenbedingung

$$R_{(D)} + T_{(D)} + A_{(D)} = 1 \tag{7}$$

ergibt sich nach einfacher Rechnung, daß das Maximum des Wirkungsgrades an der Stelle

$$\frac{R_m}{T_m} = -\frac{R'_m}{T'_m} = 1 + \frac{A'_m}{T'_m} \tag{8}$$

liegt, wobei der Index m den Wert bezeichnet, den die betreffenden Größen in dem genannten Maximum annehmen und der Strich die Differentiation nach D andeutet.

Wir sehen, wie im Abschnitt 1 bereits angedeutet worden war, daß das Maximum des Wirkungsgrades nur dann bei „Halbdurchlässigkeit" $R_m = T_m$ liegt, wenn $A'_m = 0$ ist. Dies bedeutet, daß entweder keine oder eine völlig oder zum mindesten in der Umgebung von $R = T$ konstante Absorption vorhanden ist oder daß im Punkt $R = T$ ein absolutes oder relatives Maximum oder Minimum der Absorption liegt, wobei in den beiden letzteren Fällen auch ein relatives Minimum des Wirkungsgrades auftreten kann. Bei 21 ausgewerteten Silberschichten (vgl. Abschnitt 312) wurde nur in 3 Fällen ein (absolutes) Maximum des Wirkungsgrades in unmittelbarer Nähe des Punktes $R = T$ beobachtet, und zwar im ersten Falle bei konstanter Absorption in der Umgebung von $R = T$ (vgl. Abb. 12b für 400 nm), während im zweiten das absolute Maximum und im dritten ein relatives Minimum der Absorption bei $R = T$ lagen. Ein relatives Minimum des Wirkungsgrades wurde in einem Fall beobachtet, in dem das Maximum der Absorption bei $R = T$ lag. Das Maximum des Wirkungsgrades liegt also bei Metallschichten nur in Ausnahmefällen bei „Halbdurchlässigkeit".

Für den Fall der „Halbdurchlässigkeit" lassen sich einfache Formeln für den Wirkungsgrad angeben. Ist die Absorption Null, dann gilt

$$R_m = T_m = \frac{1}{2}, \tag{9}$$

und das Maximum des Wirkungsgrades beträgt nach (6)

$$W_m = \frac{1}{2}, \tag{10}$$

bzw. 50%. Dies ist der höchste, für ein MICHELSON-Interferometer theoretisch erreichbare Wirkungsgrad. Ist ferner die Absorption im Punkt $R = T$ gleich A, dann gilt

$$R_m = T_m = \frac{1 - A}{2}, \tag{11}$$

und das Maximum des Wirkungsgrades beträgt

$$W_m = \frac{(1 - A)^2}{2}. \tag{12}$$

Für den Fall $A'_m \neq 0$ läßt sich aus (8) folgendes ablesen: T' ist in der Regel < 0. Über die Ausnahmefälle, in denen T mit zunehmender Schichtdicke für ein kurzes Stück wieder zunimmt, wird unten zu sprechen sein; an diesen Stellen $T' > 0$ wurde jedoch bisher kein Maximum des Wirkungsgrades beobachtet. Liegt daher das Maximum des Wirkungsgrades auf dem abfallenden Ast der Absorptionskurve, wie es fast ausnahmslos der Fall ist, so gilt $A'_m < 0$ sowie $T'_m < 0$. Das Maximum des Wirkungsgrades liegt daher nach (8) bei $R_m > T_m$, d. h. bei größeren Schichtdicken als der „Halbdurchlässigkeit" entspricht. Nur in einem Falle wurde ein Maximum im ansteigenden Ast der Absorptionskurve und damit bei einer geringen Schichtdicke als $R = T$ entspricht, festgestellt (vgl. Abb. 12a und 13 für 30 min), jedoch lag dabei ein zweites gleich hohes Maximum im abfallenden Ast der Absorptionskurve.

312. Absorbierende Schichten

Wie oben bereits erwähnt worden war, erweist es sich als vorteilhafter, den Wirkungsgrad aus experimentell ermittelten R-, T- und A-Werten zu ermitteln. Das benutzte experimentelle Material war im einzelnen folgendes:

1. TOLANSKY [9], Silber aufgedampft (Unterlage nicht angegeben), eine Schicht, bei grünem Licht.
2. KRAUTKRÄMER [25], entnommen aus MAYER [13] S. 295/96, Silber, auf Quarz aufgedampft, Messungen bei Wellenlängen von 450—650 nm.
3. GOOS [24], entnommen aus MAYER [13] S. 295/96, Silber, auf Quarz kathodenzerstäubt, Messungen bei Wellenlängen von 350—650 nm.
4. SENNETT und SCOTT [29], Silber, auf Glas aufgedampft, Messungen bei Wellenlängen von 400—700 nm sowie verschiedenen Aufdampfzeiten.
5. WALKENHORST [30], entnommen aus MAYER [13] S. 299, Aluminium, auf Flußspat aufgedampft, Messungen bei Wellenlängen von 500—900 nm.

Dieses Material gilt ausschließlich für senkrechten oder praktisch senkrechten Einfall. Bei schiefem Einfall sind die beiden Hauptpolarisationsrichtungen getrennt zu betrachten, denn die Wirkungsgrade für beide werden i. a. verschieden sein. Für schiefen Einfall, wie er bei den hier besprochenen Interferometern meist benutzt wird, konnte Verf. nur eine, übrigens rechnerisch ermittelte, Reihe von R- und T-Werten in der Literatur finden [31], die in Abb. 14 ausgewertet worden ist. Es ist jedoch anzunehmen, daß zum mindesten die aus den genannten Messungen gezogenen allgemeinen Schlüsse auch für schiefen Einfall ihre Gültigkeit behalten werden. Im übrigen ist das MICHELSON-Interferometer i. a. nicht an die konventionelle, für den klassischen MICHELSONschen Ätherversuch erforderliche Form mit rechtwinklig aufeinanderstehenden Armen gebunden, wofür bereits MICHELSON selbst ([32] S. 37 bzw. 40) Beispiele gegeben hat. Für das MACH-ZEHNDER-Interferometer gilt das entsprechende. In Abb. 6 ist ein MICHELSON-Interferometer skizziert, bei dem der Einfall des Lichts auf die Trennfläche, ähnlich den hier untersuchten Verhältnissen, sehr steil erfolgt.

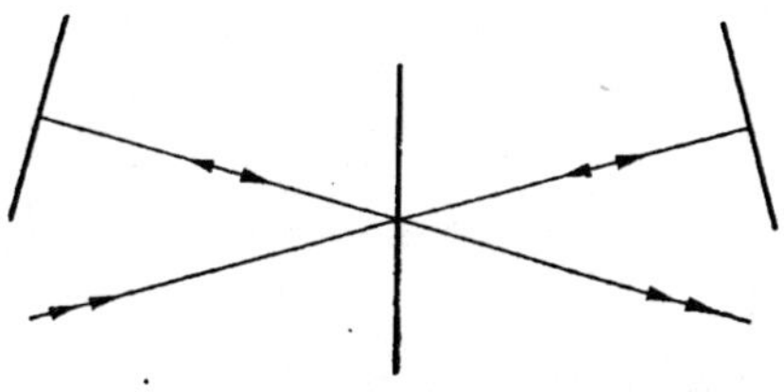

Abb. 6. MICHELSON-Interferometer mit nahezu senkrechtem Einfall der Strahlen auf die Trennfläche.

Das oben angegebene Material ist etwas uneinheitlich. Über die Schicht 1 fehlen nähere Angaben. Die Schichten unter 2, 3 und 5 sind offenbar (vgl. [13] S. 155/56) auf den Fall umgerechnet worden, daß sie freitragend in Luft stehen, was wegen der oben erwähnten Abhängigkeit der Struktur der Schichten von der Unterlage mit Vorsicht zu betrachten ist. Die Werte unter 4 gelten für Schichten auf Glasunterlage, es ist lediglich die Wirkung der Reflexion an der Rückseite der Glasplatte eliminiert worden. Da hier ferner nur relative Werte angegeben waren, wobei R auf das Reflexionsvermögen von massivem Silber, T auf die Durchlässigkeit der benutzten Glasplatten bezogen wurde, wurden die absoluten Werte mit Hilfe der der Literatur entnommenen Werte für das Reflexionsvermögen des Silbers ([33] S. 532) und einer angenommenen Durchlässigkeit des Glases von 92% (zwei Reflexionen von je etwa 4% abgerechnet) rechnerisch ermittelt.

In Abb. 7 ist die TOLANSKYsche Schicht für grünes Licht, in Abb. 8 eine KRAUTKRÄMERsche und in Abb. 9 eine GOOSsche Schicht, die beiden letzteren für 550 nm, dargestellt. Wir erkennen den Verlauf der Reflexion R, der Transmission T, der Absorption A und des Wirkungsgrades W (die Bezeichnung $W_{\lrcorner}$ wird unten erklärt werden) in Abhängigkeit von der Schichtdicke. In allen drei Fällen liegt das Maximum des Wirkungsgrades nicht bei

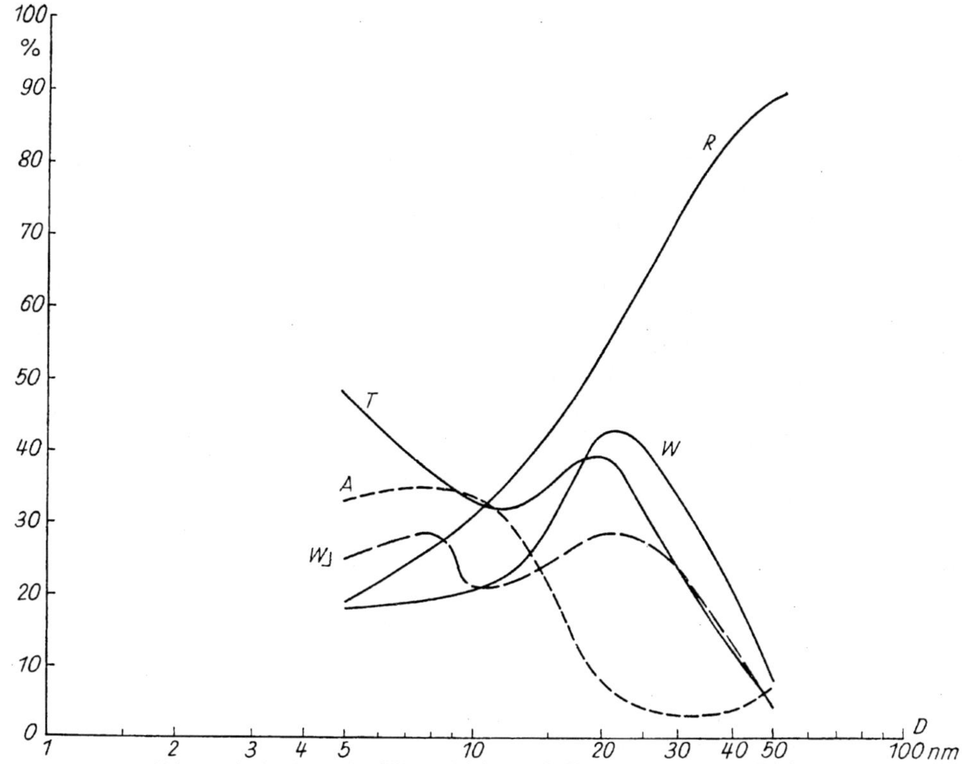

Abb. 7. Aufgedampfte Silberschicht nach TOLANSKY, grünes Licht.

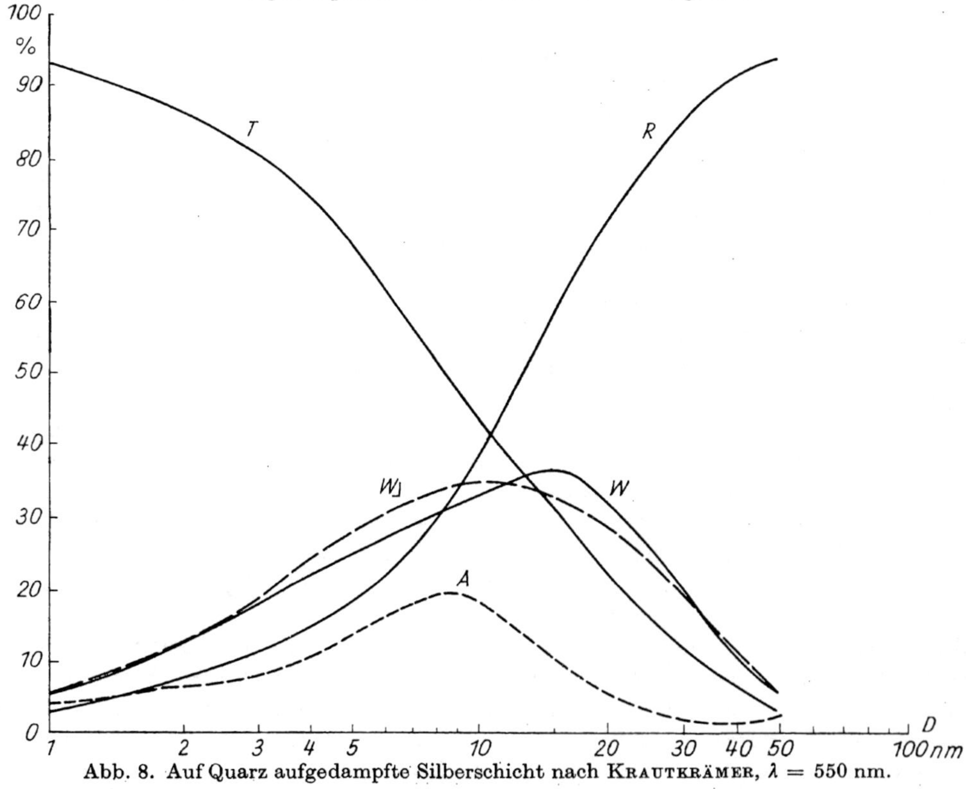

Abb. 8. Auf Quarz aufgedampfte Silberschicht nach KRAUTKRÄMER, $\lambda = 550$ nm.

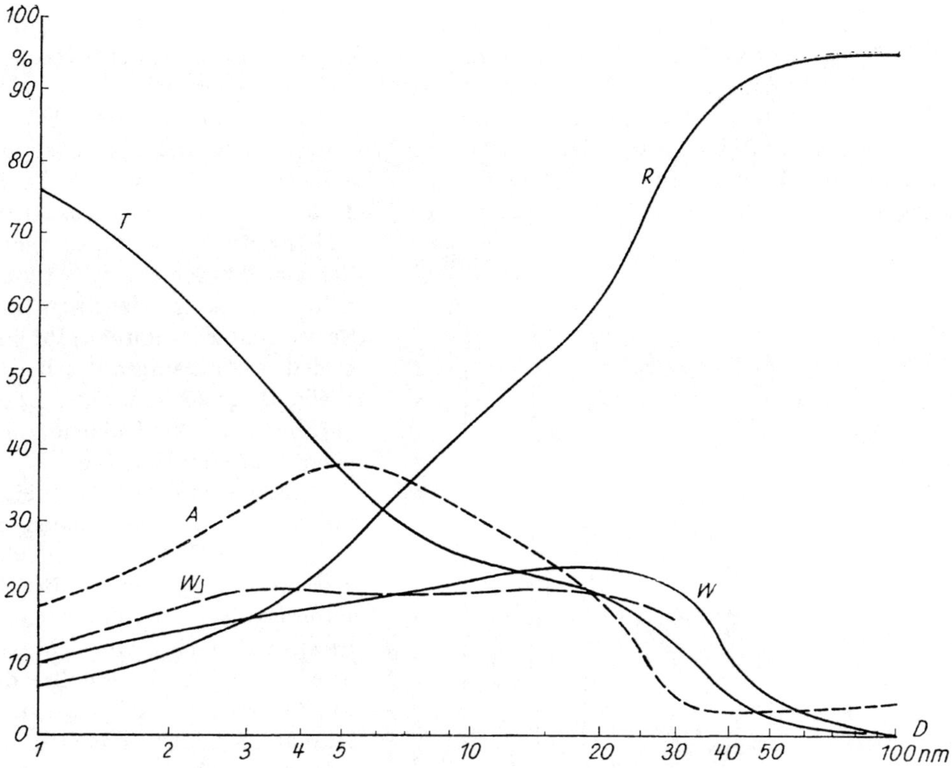

Abb. 9. Auf Quarz kathodenzerstäubte Silberschicht nach Goos, $\lambda = 550$ nm.

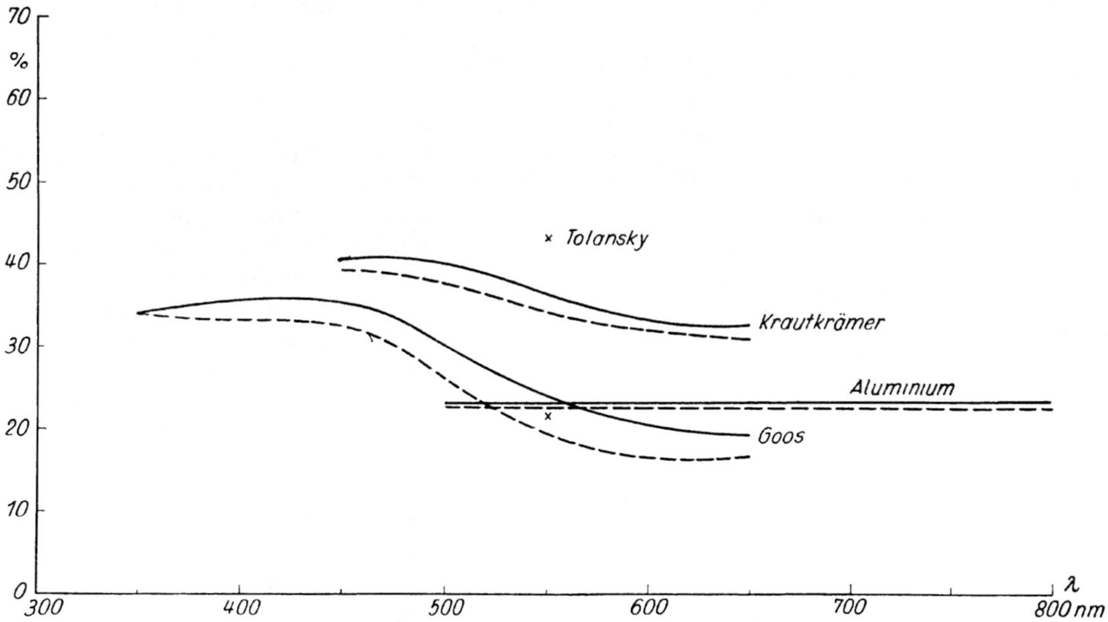

Abb. 10. Abhängigkeit der Höhe des maximalen Wirkungsgrades (ausgezogene Kurve) und des Wirkungsgrades bei „Halbdurchlässigkeit“ (gestrichelt) von der Wellenlänge.

„Halbdurchlässigkeit", sondern bei größeren Schichtdicken. Die extremsten Verhältnisse zeigt Abb. 7. Hier ist das Maximum des Wirkungsgrades doppelt so hoch wie der Wirkungsgrad bei „Halbdurchlässigkeit" und liegt etwa bei der doppelten Schichtdicke. Einen ähnlichen Verlauf wie Abb. 8 und 9 zeigen die Walkenhorstschen Aluminiumschichten. Abb. 10 zeigt ausgezogen die Abhängigkeit der Maxima des Wirkungsgrades und gestrichelt die Abhängigkeit des Wirkungsgrades bei $R = T$ von der Wellenlänge, während Abb. 11 die Abhängigkeit der zugehörigen Schichtdicken von der Wellenlänge zeigt. Abb. 12 zeigt die Abhängigkeit des Wirkungsgrades von der Schichtdicke für die Schichten von Sennett und Scott, und zwar unter a) für verschiedene Aufdampfzeiten bei der Wellenlänge 650 nm, unter b) für verschiedene Wellenlängen bei einer Aufdampfzeit von 2 sec; die kurzen senkrechten Striche auf den Kurven bezeichnen die Stellen $R = T$. Abb. 13 zeigt den Verlauf der Absorption für die unter 12a dargestellten Schichten. Smakula [34] hat dagegen in einer älteren Arbeit festgestellt, daß die Absorption bei langsamerem Aufdampfen abnimmt. Abb. 14 gibt den Verlauf der R- und T-Werte sowie des Wirkungsgrades in Abhängigkeit vom Einfallswinkel für eine von Luft umgebene Silberschicht von der Dicke einer hundertstel Wellenlänge für senkrecht zur Einfallsebene polarisiertes Licht [31] wieder. Die R- und T-Werte sind hier rechnerisch ermittelt. Die Werte für den Einfallswinkel Null entsprechen etwa (extrapoliert) einer Krautkrämerschen Schicht für 400 nm.

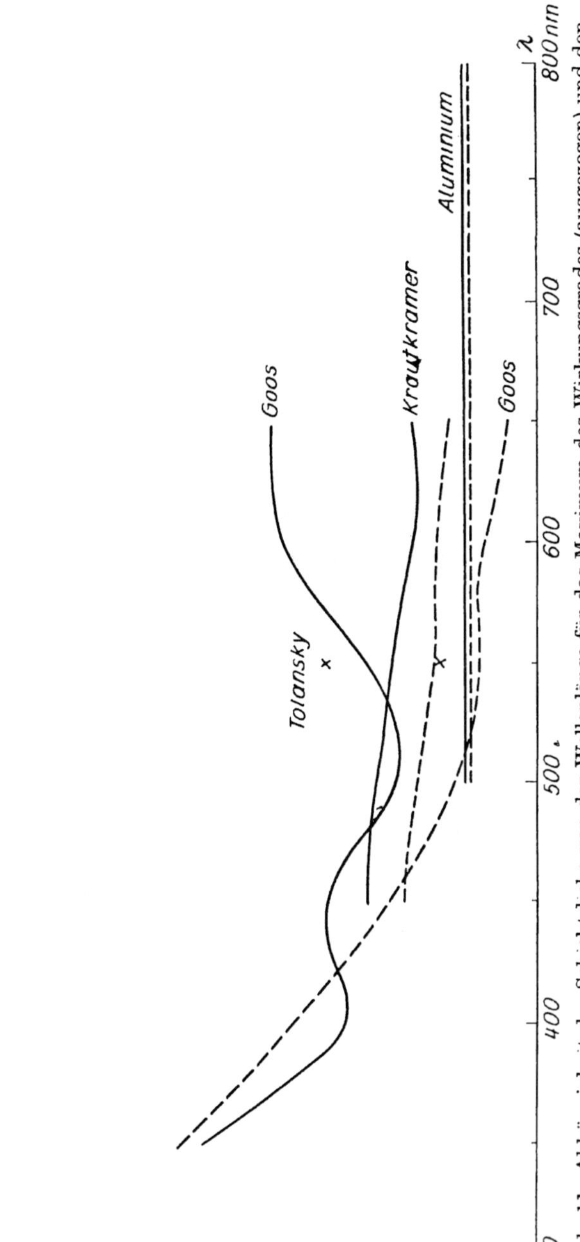

Abb. 11. Abhängigkeit der Schichtdicke von der Wellenlänge für das Maximum des Wirkungsgrades (ausgezogen) und den Wirkungsgrad bei „Halbdurchlässigkeit" (gestrichelt).

Wir wollen zunächst aus dem vorliegenden Material als wichtigste die Frage zu beantworten suchen, mit welcher Schichtart und -technik die höchsten Wirkungsgrade zu erzielen sind. Daß Silber das günstigste Metall in bezug auf die optischen Eigenschaften ist, bedarf wohl keiner Erläuterung. Aus dem Vergleich der Abb. 7 bis 9 sowie der weiteren hier nicht gezeigten Dia-

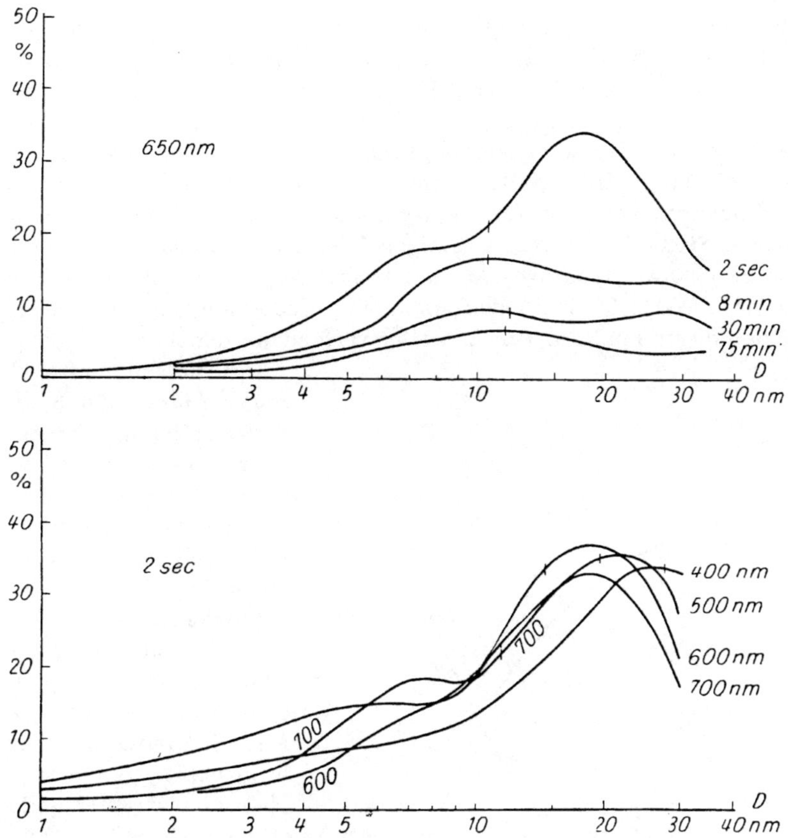

Abb. 12. Abhängigkeit des Wirkungsgrades für aufgedampfte Silberschichten
a) von der Aufdampfzeit (bei λ = 650 nm) und
b) von der Wellenlänge (bei 2 sec Aufdampfzeit) nach SENNETT und SCOTT. Die senkrechten Striche geben die Stellen der „Halbdurchlässigkeit" an.

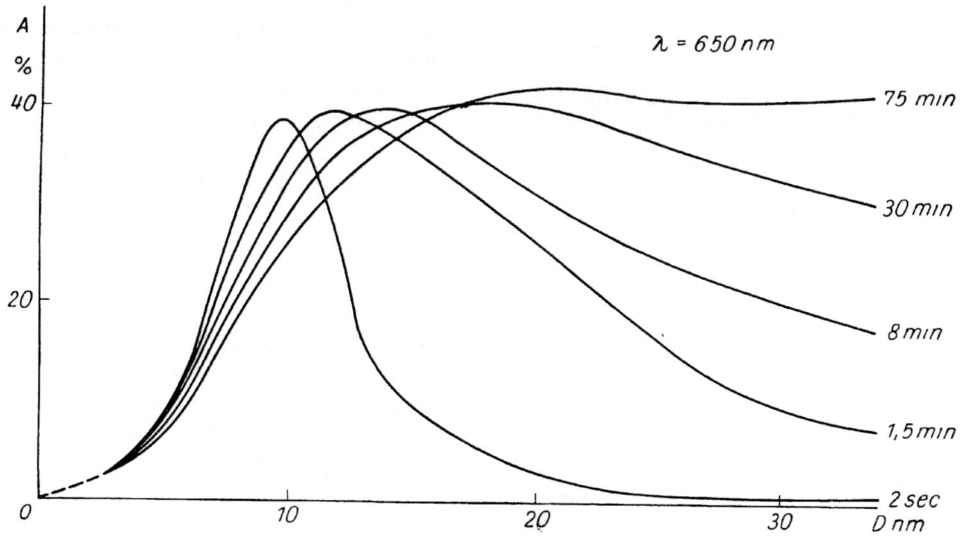

Abb. 13. Absorption der Silberschichten Abb. 12a.

gramme für die gleichen Schichtarten geht ferner hervor, daß Aufdampfen der Kathodenzerstäubung überlegen ist. Dies deckt sich mit den Ergebnissen, die Tolansky [9] S. 24 sowie Bright, Jackson und Kuhn [11] für die Mehrstrahlinterferometrie (Fabry-Perot-Interferometer), also einen anderen Dickenbereich als dem für die meisten Zweistrahlinterferometer erforderlichen, erhalten haben. Die letztgenannten Autoren sind jedoch der Meinung, daß kathodenzerstäubte Schichten bei sorgfältiger Wahl der Herstellungsbedingungen auch von sehr hoher Qualität zu sein scheinen, und Tolansky erwähnt an anderer Stelle [35] einen gleichartigen Anspruch, ebenfalls für hohe Reflexionsvermögen, von Romanowa, Rubzow und Pokrowsky [36]. Verf. hat jedoch in der Literatur keine anderen Werte für Kathodenzerstäubung finden können als die angegebenen Goosschen, so daß dieser Punkt hier nicht weiter verfolgt werden kann.

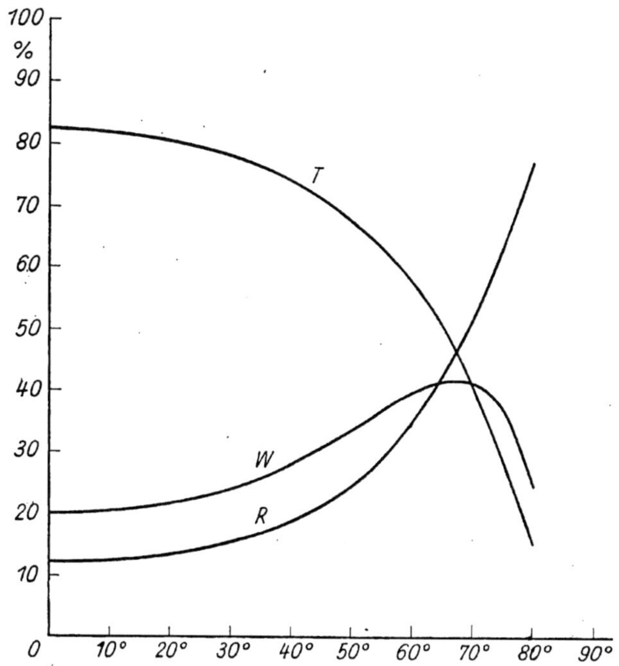

Abb. 14. Silberschicht, nach Abelès. Abhängigkeit des Wirkungsgrades vom Einfallswinkel.

Für aufgedampfte Schichten zeigen Abb. 7 und 8 die beiden Extremfälle der Transmissionskurve, die eine wichtige Rolle für die Höhe des Wirkungsgradmaximums zu spielen scheint. In Abb. 8 fällt die T-Kurve monoton ab, während sie in Abb. 7 nach anfänglichem Abfall ein gewisses Stück erneut ansteigt, um dann endgültig abzufallen. Diese letztere Form scheint zum ersten Mal von Strong und Dibble [37] beobachtet worden zu sein; ihre Meßwerte streuten jedoch noch zu sehr, so daß sie zu der Annahme zweier verschiedener, in einem gewissen Dickenbereich einander überdeckender Schichtarten kamen. Diese Annahme läßt sich sicher heute nicht mehr aufrechterhalten, da bereits eine ganze Anzahl von Kurven von der Art der Abb. 7 zusammenhängend gemessen wurden und diese im RT-Diagramm (siehe unten) sich den Meßpunkten von Strong und Dibble zwanglos einfügen. So hat Simonsohn [38] derartige Kurven angegeben (Abb. 15), und auch bei den kathodenzerstäubten Schichten von Goos [24] ist dieser Effekt angedeutet, und zwar stärker als in Abb. 9 bei $\lambda = 578$ nm. Ferner ist die T-Kurve für die 2-sec-Schicht von Sennett und Scott, deren Wirkungsgrad in Abb. 12a dargestellt ist, ebenfalls vom Typ der Abb. 7. Leider fehlen bei letzteren Autoren Messungen für einige zehn Sekunden bis zu wenigen Minuten; die nächste Kurve, für 8 Minuten, ist wieder vom Typ der Abb. 8. Die Abb. 12b zugrundeliegenden R- und T-Werte zeigen ebenfalls den Typ der Abb. 7, wobei nur die beiden mittleren Wellenlängen 500 und 600 nm ein relatives Maximum der Transmissionskurve aufweisen, während die letztere bei 400 und 700 nm nur noch einen Wendepunkt mit horizontaler Wendetangente hat. Zum Unterschied von der Tolanskyschen Schicht schneidet bei Sennett und Scott die R-Kurve die T-Kurve bei 600 nm und kürzeren Wellenlängen auf dem zweiten abfallenden Ast, also bei größeren Schichtdicken.

Die durch Abb. 7 charakterisierte Form der Transmissionskurve scheint mit einem rapiden Abfall der Absorptionskurve jenseits des Maximums untrennbar verbunden zu sein. Dies geht hervor aus Abb. 7, Abb. 12a für 2 sec und der zugehörigen Absorptionskurve in Abb. 13 sowie aus den (hier nicht gezeigten) T- und A-Kurven zu Abb. 12b. Daß eine solche Schichtstruktur durch sehr kurze Aufdampfzeiten erreicht werden kann, zeigen Abb. 13 sowie die Tatsache, daß TOLANSKY seine Schichten in 1 bis 2 Minuten aufdampft ([9] S. 27). Die gleiche Abhängigkeit der Absorption von Silberschichten von der Aufdampfzeit hat auch HOLDEN [39] beobachtet. Bei Gold sind nach den HOLDENschen Ergebnissen die Verhältnisse wesentlich ungünstiger. Leider fehlen zum Vergleich Angaben über Aufdampfzeiten bei KRAUTKRÄMER und GOOS. Eine kurze Aufdampfzeit oder besser gesagt eine kurze Aufdampfgeschwindigkeit scheint also die Silberschichten für die Zwecke der Zweistrahlinterferometrie besonders geeignet zu machen. SIMONSOHN [38] weist nämlich mit Recht daraufhin, daß nicht die Aufdampfzeit, sondern nur die Aufdampfgeschwindigkeit, d. h. die in der Zeiteinheit aufgebaute Schichtdicke, ein sinnvolles Maß ist. Nur die Aufdampfgeschwindigkeit ermöglicht einen Vergleich der von verschiedenen Autoren mit verschiedenen Apparaturen gewonnenen Ergebnisse.

Die Ursache für die beschriebene Form der T-Kurve läßt sich ohne eingehende Untersuchung nicht angeben, denn die Eigenschaften einer teildurchlässigen Schicht sind von einer schwer zu beherrschenden Fülle von Parametern abhängig. So hat z. B. TOLANSKY [35] bei Silberschichten höherer Dicke, wie sie in der Mehrstrahlinterferometrie benutzt werden, eine Abhängigkeit der Absorption von der Pumpflüssigkeit festgestellt; bei Quecksilberpumpen nahm die Absorption mit steigendem Reflexionsvermögen ab, bei Ölpumpen nahm sie zu. CARIO und KALLWEIT [40] haben eine umfangreiche Liste der wichtigsten Parameter veröffentlicht, die die Struktur der Schichten beeinflussen können.

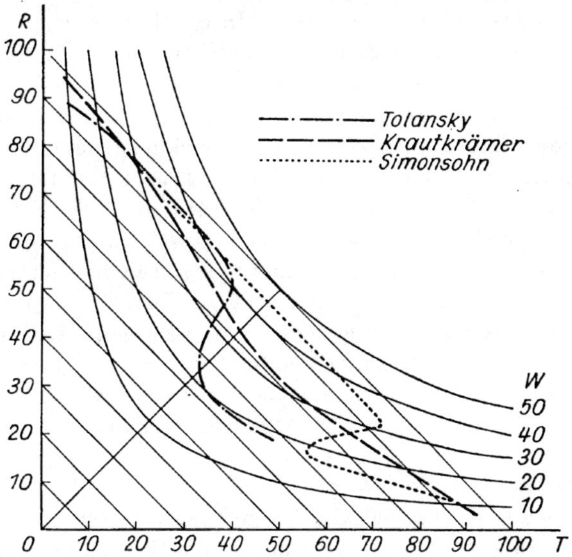

Abb. 15. R–T-Diagramm zum Ermitteln des Wirkungsgrades ohne Kenntnis der Schichtdicke.

An dieser Stelle ist es notwendig, einige Bemerkungen über die Versuche einzuschalten, die Eignung einer teildurchlässigen Schicht für interferometrische Zwecke durch die Kleinheit von A bzw. durch die Größe der Summe $R + T$ zu kennzeichnen. Für das FABRY-PEROT-Interferometer, also ein Mehrstrahlsystem, drücken sich BRIGHT, JACKSON und KUHN [11] wie folgt aus: „The degree to which, in actual fact, the sum approaches unity can serve as a measure of the optical quality of the coating.“ TOLANSKY [35] hat zwar betont, daß bei der Mehrstrahlinterferometrie hohe Intensität (gemeint ist guter Konstrast bei gleicher Halbwertsbreite — Kontinuum abgerechnet — der Streifen) nicht so sehr von der Größe des Reflexionsvermögens als von der Kleinheit der Absorption abhängt; wir sind jedoch der Meinung, daß ein in geeigneter Weise als Kompromiß zwischen Kontrast und Auflösung (durch Schmalheit der Interferenzstreifen) definierter Wirkungsgrad eine bessere Kennzeichnung darstellen kann. Völlig abwegig ist es jedoch, die Summe $R + T$ allgemein als „Wirksamkeit“ (efficiency) einer Schicht zu bezeichnen, wie es mehrfach geschehen ist [37], [41], [42], [43]. Gelegentlich wird in gleichem Sinn auch von „Lichtausbeute“ gesprochen [44]. Maßgebend für die Eignung einer Schicht für einen bestimmten Interferometertyp ist stets der geeignet definierte Wirkungsgrad, der jedoch im allgemeinen eine andere Kombination der R- und T-Werte enthalten wird als die Summe. Bei gleichbleibender Absorption ist der Wirkungsgrad beim Michelson-Interferometer klein, wenn R oder T klein ist; er ist am größten, wenn $R = T$ ist. Daß er bei $R \neq T$ größer als bei $R = T$ sein kann, liegt lediglich daran, daß im ersten Fall die Absorption geringer ist; Kleinheit der Absorption ist zwar die Voraussetzung für einen hohen Wirkungsgrad, aber dieser wird nicht erreicht, wenn die R- und T-Werte ungünstig liegen.

Bei Silberschichten treffen offenbar einige für die Zweistrahlinterferometrie günstige Umstände zusammen. Verliefen die R- und die T-Kurven so, daß die eine das (an der durch den Punkt $R = T$ gehenden Ordinate gewonnene) Spiegelbild der anderen wäre, so läge hier das Maximum der Absorption. Im allgemeinen läge dann auch an dieser in bezug auf die Absorption ungünstigsten Stelle das Maximum des Wirkungsgrades, wenn nicht gerade die Absorption so stark abfiele, daß auf einer oder beiden Seiten doch noch ein höherer Wirkungsgrad zustandekäme. In der Praxis liegt jedoch, zum mindesten bei den nicht allzu langsam aufgedampften Schichten, das Maximum der Absorption links von der Stelle $R = T$, wodurch je nach Form und Verschiebung der Absorptionskurve das Maximum mehr oder weniger stark zunimmt. Durch extrem kurzzeitiges Aufdampfen wird nun die $R = T$ zugewandte Flanke der Absorptionskurve besonders steil, was den Wirkungsgrad noch beträchtlich erhöht. Wenn ferner R monoton mit der Schichtdicke ansteigt, was bisher ausschließlich beobachtet wurde, ruft eine starke Unregelmäßigkeit der Absorption zwangsläufig eine Unregelmäßigkeit der Transmission hervor; ein starker Abfall der Absorption kann die Transmission zu erneutem Anstieg bringen. Dieser Anstieg macht, wenn er, wie in Abb. 7, bei größeren Schichtdicken liegt als $R = T$ entspricht, die Vergrößerung des Wirkungsgrades besonders anschaulich, denn wenn jenseits des Punktes $R = T$ sowohl Reflexion als auch Transmission zunehmen, muß der Wirkungsgrad auch zunehmen. Man muß sich jedoch klarmachen, daß im allgemeinen Falle der Anstieg des Wirkungsgrades jenseits des Punktes $R = T$ schon durch die nicht spiegelbildliche Form der R- und T-Kurven gegeben sein kann.

In vielen Fällen werden nur die R- und T-Werte und nicht die zugehörigen, schwierig zu ermittelnden Schichtdicken bekannt sein. Hier ist das R–T-Diagramm (Abb. 15) von Nutzen, das schon Strong und Dibble [37] benutzt haben. Man trägt zu diesem Zweck R als Funktion von T oder umgekehrt ab, wie es in Abb. 15 mit den Tolanskyschen und den Krautkrämerschen Werten (Abb. 7 und 8) sowie einer von Simonsohn [38] angegebenen, mit großer Aufdampfgeschwindigkeit aufgebrachten Silberschicht (vgl. dazu S. 21) geschehen ist. Da in allen bisher bekannten Fällen R monoton mit wachsender Schichtdicke steigt, bleibt die R–T-Kurve einfach, d. h. frei von Schleifen und Doppelpunkten, auch wenn T nicht monoton mit wachsender Schichtdicke steigt. Ein Wiederansteigen der T-Kurve zeigt sich im R–T-Diagramm in einem Ausbiegen der in Richtung wachsender R durchlaufenen Kurve, was zunehmender Schichtdicke entspricht, nach rechts in Richtung zunehmender T-Werte. Wegen der monotonen Zunahme von R sind auch qualitative Aussagen über die Schichtdicke möglich, was nicht mehr der Fall zu sein brauchte, wenn R für ein gewisses Stück abfiele. Die Absorption ist im R–T-Diagramm einfach zu ermitteln. Die eingezeichneten — 45°-Linien stellen die Kurven $R + T = \text{const}$ und daher auch $A = \text{const}$ dar. Die die Punkte $R = 100$, $T = 100$ verbindende Gerade gibt die Absorption $A = 0$, die nächste Gerade zwischen den Punkten 90/90 die Absorption $A = 10$ usw. an. Der Übersichtlichkeit wegen sind diese Geraden nicht beziffert. Die Hyperbeln $W = 2\,RT = \text{const}$ sind nach (6) die Kurven konstanten Wirkungsgrades; sie sind in Abb. 15 entsprechend beziffert. Aus ihnen läßt sich, wenn sie in genügend dichter Folge eingezeichnet werden, der maximale Wirkungsgrad oder der Wirkungsgrad an jeder beliebigen anderen Stelle leicht ermitteln. Die + 45°-Linie schließlich bezeichnet die Stellen $R = T$. Aus der gegenseitigen Lage der —45°-Linien und der Hyperbeln erkennt man, daß bei gleichbleibender Absorption das Maximum des Wirkungsgrades stets auf der Linie $R = T$ liegt.

Zum Abschluß sollen einige Betrachtungen über die spektrale Abhängigkeit der beteiligten Größen angestellt werden. Die Schichtdicken für den maximalen Wirkungsgrad sowie für die „Halbdurchlässigkeit" scheinen nach Abb. 11 und 12 b mit zunehmender Wellenlänge im allgemeinen abzunehmen. Eine äußerst geringe Wellenlängenabhängigkeit, auch in bezug auf den Wirkungsgrad, zeigen die WALKENHORSTschen Aluminiumschichten (Abb. 10 und 11), jedoch sind diese möglicherweise nicht als repräsentativ zu betrachten, da Verf. weitere Untersuchungen über Aluminiumschichten nicht heranziehen konnte. Nach KUHN [45] sind Aluminiumschichten noch empfindlicher gegen eine Variation der Aufdampfbedingungen als Silberschichten. Bezüglich der spektralen Abhängigkeit des Wirkungsgrades müssen wir zwei Fälle unterscheiden, den der Abhängigkeit des Wirkungsgrades im Maximum ohne Rücksicht auf die Schichtdicke und den Fall der spektralen Abhängigkeit des Wirkungsgrades bei gegebener Schichtdicke. Der erste Fall ist von Interesse, wenn man das Interferometer nur im monochromatischen Licht benutzen und es der gegebenen oder einer noch zu suchenden Wellenlänge optimal anpassen will. Hier lassen Abb. 10 und 12b nur die Aussage zu, daß das Maximum des Wirkungsgrades bei mittleren Wellenlängen zwischen etwa 400 und 600 nm seine höchsten Werte erreicht, während es zu längeren oder kürzeren Wellenlängen hin abfällt, nach der erstgenannten Seite etwas stärker.

Man wird also mit Silberschichten zweckmäßig bei mittleren Wellenlängen arbeiten; dort hat man außer dem hohen Wirkungsgrad noch den Vorteil der schon recht guten photographischen Wirksamkeit des Lichts sowie der guten Meßgenauigkeit wegen der Nähe des Maximums der Augenempfindlichkeit. Der zweite Fall, der der spektralen Abhängigkeit des Wirkungsgrades bei konstanter Schichtdicke, interessiert dann, wenn das Interferometer auch im nichtmonochromatischen Licht benutzt werden soll. Hierzu ist Abb. 12b zu entnehmen, daß bei Schichtdicken in der Nähe der Wirkungsgradmaxima, die man ausschließlich benutzen wird, die spektrale Abhängigkeit des Wirkungsgrades ein Maximum aufweisen wird, das sich zum mindesten im kurz- und mittelwelligen Teil des Spektrums durch entsprechende Wahl der Schichtdicke verschieben läßt.

Wir haben oben die Metallschichten ausführlich behandelt. Sie ergeben i. a. keinen so hohen Wirkungsgrad wie die dielektrischen, nichtabsorbierenden Schichten. Wenn jedoch alle oben erwähnten Faktoren, insbesondere die Aufdampfgeschwindigkeit, beachtet werden, kann man Wirkungsgrade erzielen, die den mit nichtabsorbierenden Schichten erreichbaren sehr nahe kommen. Außerdem haben Metallschichten den Vorteil, daß sie einfacher aufzubringen sind als nichtabsorbierende Mehrfachschichten. Metallschichten haben auch einen andersartigen spektralen Verlauf des Wirkungsgrades und lassen andere, im Abschnitt 4 zu beschreibende Kombinationsmöglichkeiten zu als nichtabsorbierende Schichten.

313. Nichtabsorbierende und kombinierte Schichten

Nichtabsorbierende Schichten, insbesondere Mehrfachschichten, und aus Metallen und nichtabsorbierendem Material kombinierte Schichten gestatten durch Wahl geeigneter Brechungsindizes, Schichtdicken und Schichtfolgen eine große Anzahl von Variationsmöglichkeiten. Ebenso wie bei den absorbierenden Schichten wollen wir auch hier auf eine Auswertung der umfangreichen und schwer zu übersehenden Ergebnisse der Theorie verzichten und lediglich einige der Literatur entnommene rechnerisch und experimentell gewonnene Zahlenbeispiele im Hinblick auf den Wirkungsgrad auswerten. Wegen der erwähnten Vielfalt der Möglichkeiten muß das hier gebrachte Material notwendigerweise noch bruchstückhafter sein als im vorangegangenen Abschnitt. Es wird sich jedoch zeigen, daß sich hier bereits einige Möglichkeiten eröffnen, die eine weitere Verfolgung sicher lohnen werden.

Als erster scheint PFUND [46] eine nichtabsorbierende Teilungsschicht benutzt zu haben. Er fand für ZnS im weißen Licht $R = 41\%$ und $T = 57\%$, was einem Wirkungsgrad von $W = 46{,}7\%$ entspricht. Er beobachtete, daß mit einer solchen Schicht die Interferenzstreifen im MICHELSON-Interferometer intensiver erscheinen.

HAMMER [47] hat Reflexionsvermögen und Durchlässigkeit für eine Anzahl von Metalloxydschichten der Dicke $n \cdot D = \lambda/4$ für $\lambda \sim 550$ nm auf Glas vom Brechungsindex $n = 1{,}5$ gemessen. Die folgende Tabelle zeigt, daß bei gegebener Dicke eine passende Wahl der Materialien, d. h. der (hier nicht angegebenen) Brechungsindizes notwendig ist, um einen hohen Wirkungsgrad zu erreichen.

No.	Oxyd von	R %	T %	A %	W %
1	Antimon	15	85	0	25,5
2	Beryllium	7	82	1	11,5
3	Blei	32	67	1	42,8
4	Cer (CeO_2)	29	70	1	40,6
5	Eisen (Fe_2O_3)	49	43	8	42,1
6	Kupfer (Cu_2O)	45	49	6	44,1
7	Mangan	23	61	10	28,1
8	Nickel	26	69	5	35,9
9	Platin	35	49	16	34,3
10	Silizium	58	34	8	39,4
11	Tellur	18	81	1	29,2
12	Titan (TiO_2)	40	59	1	47,2
13	Wismut	36	63	1	45,3
14	Wolfram	20	80	0	32,0

Titandioxyd zeichnet sich von allen angegebenen Materialien durch einen besonders hohen Wirkungsgrad aus. Eine weitere Steigerung kann man u. U. durch Hinzunahme weiterer Schichten von abwechselnd hohem und niedrigem Brechungsindex erreichen. GEFFCKEN [48] berichtete von einem „Halbspiegel" aus SiO_2 und TiO_2 mit einer mittleren Reflexion von 55% und einer Durchlässigkeit von 45%, was einem Wirkungsgrad von 49,5% entspricht. Die Abhängigkeit der optischen Werte und damit auch des Wirkungsgrades von der Zahl der Schichten geht aus einer weiteren Arbeit von HAMMER [49] hervor. Für $\lambda_0/4$-Doppelschichten vom Aufbau

$$\text{Luft } (n_0 = 1)\,, \quad \text{Zinksulfid } (n_1 = 2{,}3)\,, \quad \text{Kryolith } (n_2 = 1{,}35)\,, \quad \text{Glas } (n_3 = 1{,}5)$$

ergeben sich folgende Werte, wenn m die Zahl der Doppelschichten bedeutet:

m	0	1	2	3	4	5
R %	4	39,5	73	90	96,5	99
T %	96	60,5	27	10	3,5	1
W %	7,7	47,8	39,4	18	6,8	2

Man kann also den gleichen Wirkungsgrad mit nur einer Schicht erreichen, wenn man den Brechungsindex dieser Schicht in geeigneter Weise wählen und diese Wahl auch realisieren kann, oder man kann durch Wahl anderer Brechungsindizes mehrere Schichten benötigen, um zu dem erstrebten Wirkungsgrad zu gelangen. Was diese beiden Möglichkeiten voneinander i. a. unterscheidet, ist der andersartige spektrale Verlauf des Wirkungsgrades. Hier sind nun die verschiedenartigsten Variationen möglich. Im allgemeinen wird bei Einfachschichten der Wirkungsgrad in einem beträchtlichen Teil des sichtbaren Spektrums auf nahezu der gleichen Höhe bleiben, während mit Hinzunahme weiterer Schichten sein Verlauf immer welliger wird. Als Beispiel seien vier von GREENLAND [50] beschriebene Schichten dargestellt; Abb. 16 ist eine Einfachschicht, Abb. 17, 18 und 19 dagegen sind Mehrfachschichten verschiedenen Typs. POHLACK [51] hat jedoch Verfahren angegeben, die R- und T-Kurven von Mehrfachschichten in einem größeren Spektralbereich zu glätten, so daß sich auch hier ein in diesem Spektralbereich nahezu konstanter Wirkungsgrad ergibt, der dazu noch höher als bei einer Einfachschicht liegt und teilweise 50% sehr nahe kommt.

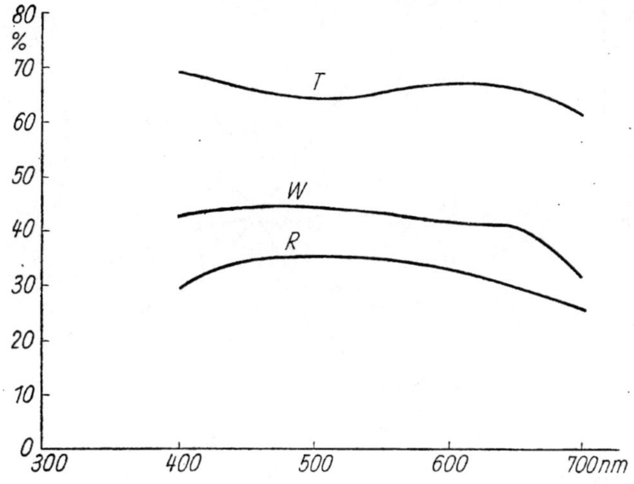

Abb. 16. Einfachschicht, nach GREENLAND.

Mehrfachschichten gestatten es also, den Typ des spektralen Verlaufs des Wirkungsgrades in viel größerem Umfange zu variieren als Einfachschichten, seien sie nun metallischer oder dielektrischer Art. Die Kenntnis des spektralen Verlaufs des Wirkungsgrades wird wichtig, sobald man im nichtmonochromatischen Licht arbeitet und etwa die Sättigung der Mischfarben in den Interferenzen, beispielsweise beim Interferenzkontrast, oder Anzahl und Sichtbarkeit der Interferenzstreifen bestimmen will. Hierzu muß der spektrale Verlauf des Wirkungsgrades ebenso berücksichtigt werden wie die spektrale Energieverteilung der Lichtquelle, die spektrale Empfindlichkeit des Auges bzw. der photographischen Platte sowie die spektrale Durchlässigkeit etwa benutzter Filter bzw. der Glassorten und schließlich der spektrale Verlauf des Reflexionsvermögens etwa benutzter Vollspiegel.

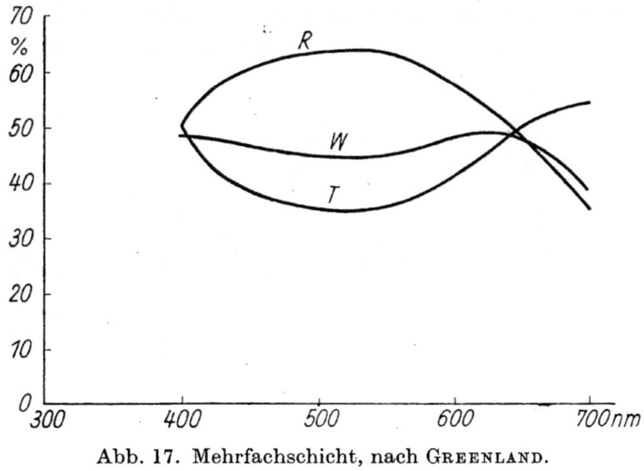

Abb. 17. Mehrfachschicht, nach GREENLAND.

Der Vorteil der verschiedenen Variationsmöglichkeiten des spektralen Verlaufs des Wirkungsgrades ist, daß man hier Anordnungen realisieren kann, die zwar hinsichtlich des spektralen Verlaufs mit Filtern in gleicher Weise realisierbar wären, jedoch wegen der unvermeidlichen geringen Durchlässigkeit der Filter meist einen viel geringeren Wirkungsgrad aufwiesen. Auf der anderen Seite ist es nicht ausgeschlossen, daß man möglicherweise auch den spektralen Verlauf des Wirkungsgrades so wählen kann, wie er mit Filtern nicht erzielbar ist. Im folgenden sollen zu beiden Möglichkeiten Beispiele skizziert werden.

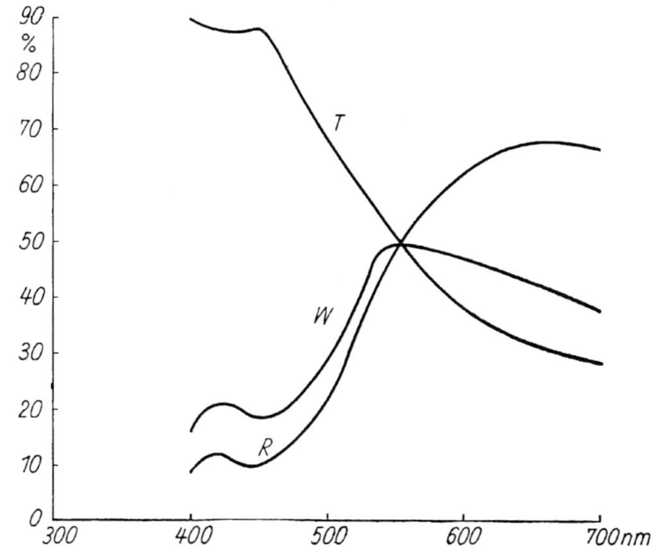

Abb. 18. Nichtabsorbierende Mehrfachschicht nach GREENLAND.

Mit dem in Abb. 19 gezeigten Verlauf des Wirkungsgrades könnte man z. B. die blauen Linien des Quecksilberspektrums unterdrücken und im Interferenzkontrast im Quecksilbermischlicht gänzlich andere Farbtöne erzeugen als bei spektralgleichmäßigem Verlauf des Wirkungsgrades. Die vorliegende Schicht ist jedoch noch in anderer Hinsicht interessant. BIRCHBY [52] beobachtete, bei welchen Gangunterschieden beim Einschalten einer planparallelen Glasplatte in einem Arm eines MICHELSON-Interferometers noch HAIDINGERsche Ringe in weißem Licht sichtbar waren und berechnete für die Grenzen der Sichtbarkeit Wellenlängen von etwa 630 bzw. 510 nm. Verf. beobachtete an FIZEAUschen Streifen im weißen Licht, daß das Interferenzbild in keiner Weise geändert wird, wenn man die Ränder des Spektrums so abschneidet, daß nur der genannte Bereich freibleibt.

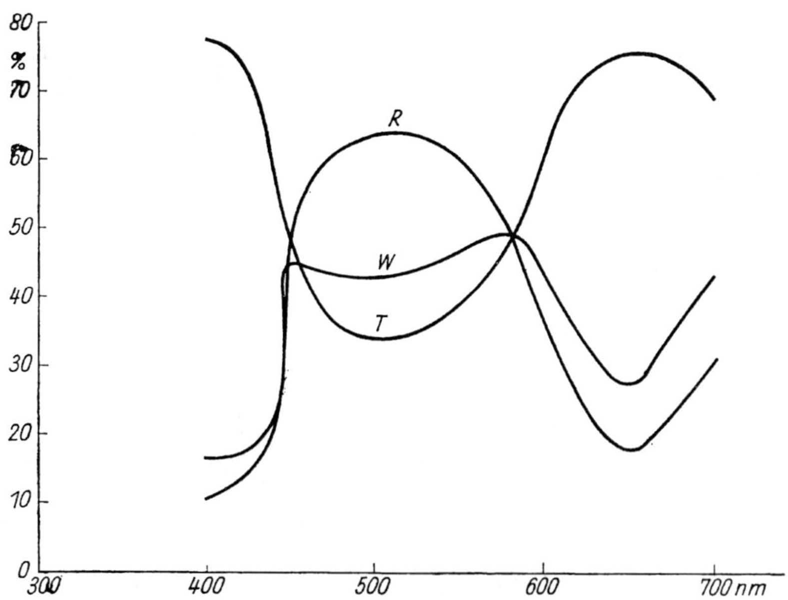

Abb. 19. Nichtabsorbierende Mehrfachschicht nach GREENLAND.

Die Schicht Abb. 19 entspricht zwar nicht ganz den genannten Grenzen, jedoch ist mit ziemlicher Sicherheit anzunehmen, daß bei ihr das Bild der Interferenzen im weißen Licht gegenüber dem gewohnten Anblick nicht geändert sein wird. Daß die Wellenlängen außerhalb der genannten Grenzen keinen Einfluß haben, liegt zunächst daran, daß in diesen Bereichen die Augenempfindlichkeit stark absinkt. Im gleichen Sinne wirkt aber auch die Abnahme des Wirkungsgrades am langwelligen Ende des Spektrums bei den KRAUTKRÄMER- und Goosschen Schichten sowie an beiden Enden bei den Schichten von SENNETT und SCOTT. Mit dielektrischen oder kombinierten Schichten erscheint es möglich, eine nach oben konkave Wirkungsgradkurve zu erzielen, die die Kurve der Augenempfindlichkeit kompensieren und ein annähernd intensitätsgleiches Spektrum erzeugen könnten. Damit wäre es dann möglich, wie SCHAEFER und ROSEMANN [53] gezeigt haben, statt der sonst beobachteten 5—6 Interferenzstreifen auf jeder Seite des zentralen Streifens nur 2 zu erreichen, was für manche Zwecke des Messens und der Zuordnung günstiger wäre.

War bei Abb. 19 der Vorteil der geeigneten Gestaltung der teildurchlässigen Schicht gegenüber einer mit Filtern erzielten gleichen Wirkung noch nicht so offenkundig, weil die ein breites Spektralgebiet durchlassenden „Paßfilter" meist eine recht hohe Maximumdurchlässigkeit haben, so ändern sich die Verhältnisse, wenn man zu monochromatischem Licht übergeht. Wir betrachten einige von TURNER [54] angegebene Schichten, die gleichzeitig ein Beispiel für eine Kombination metallischer und dielektrischer Schichten darstellen. Abb. 20 zeigt die Verhältnisse für eine Silberschicht nicht angegebener Dicke auf Glas, die die Unterlage für die weiteren Schichten bildet. Auf diese Silberschicht wurden zunächst eine niedrigbrechende MgF_2-Schicht von der Dicke $3\,\lambda/4$ (für $\lambda = 490$ nm) und eine hochbrechende ZnS-Schicht der gleichen Dicke aufgebracht. Das Ergebnis zeigt Abb. 21. Wir sehen, wie sich in dem spektralen Verlauf des Wirkungsgrades einzelne noch recht breite Spitzen abheben. Ein nochmaliges Aufbringen eines gleichen Schichtpaares verschmälert diese Spitzen erheblich (Abb. 22). Es erscheint also möglich, eventuell durch Aufbringen eines weiteren Schichtpaares, der Trennfläche eines Interferometers neben ihrer Trennaufgabe noch die Aufgabe eines Filter zuzuerteilen, das in der Lage ist, nicht allzu stark benachbarte Spektrallinien voneinander zu trennen und sich vielleicht auch bis zu der Halbwertsbreite von Monochromatfiltern entwickeln läßt. Die nicht erwünschten

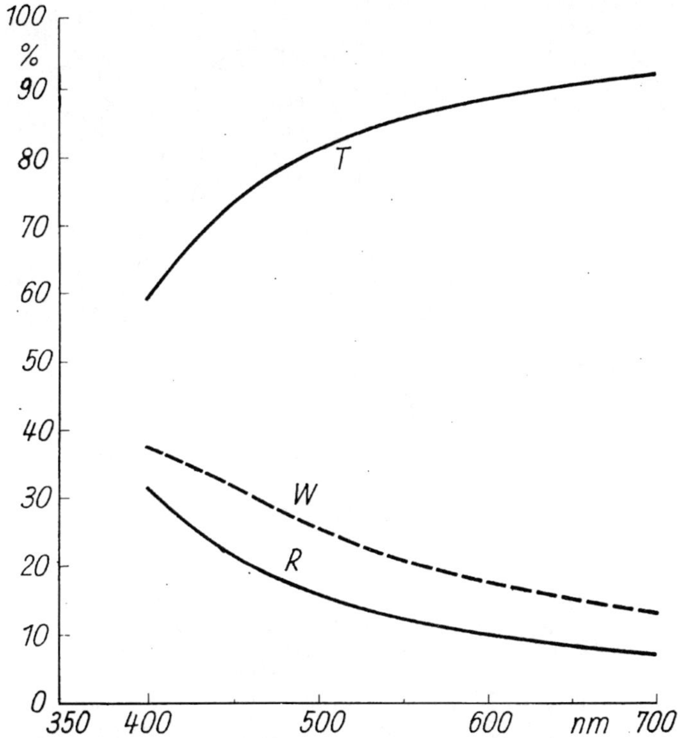

Abb. 20. Silberschicht auf Glas, nach TURNER.

Maxima können sicher ohne große Verluste mittels Paßfilter hoher Maximumdurchlässigkeit abgeschnitten werden. Der maximale Wirkungsgrad in Abb. 22 ist mit 47% keineswegs geringer als bei einer Schicht mit gleichmäßigerem spektralen Verlauf des Wirkungsgrades. Berücksichtigt man ferner, daß Filter vor oder hinter das Interferometer gesetzt werden müssen und damit den Wirkungsgrad um den Faktor ihrer Durchlässigkeit herabsetzen und daß diese Durchlässigkeit bei Monochromatfiltern zwischen 15 und 75%, bei Metallinterferenzfiltern zwischen 23 und 39% im sichtbaren Gebiet liegt, so leuchtet ein, daß der Gewinn an Wirkungsgrad recht erheblich sein muß. Die benachbarten Spitzen können dann,

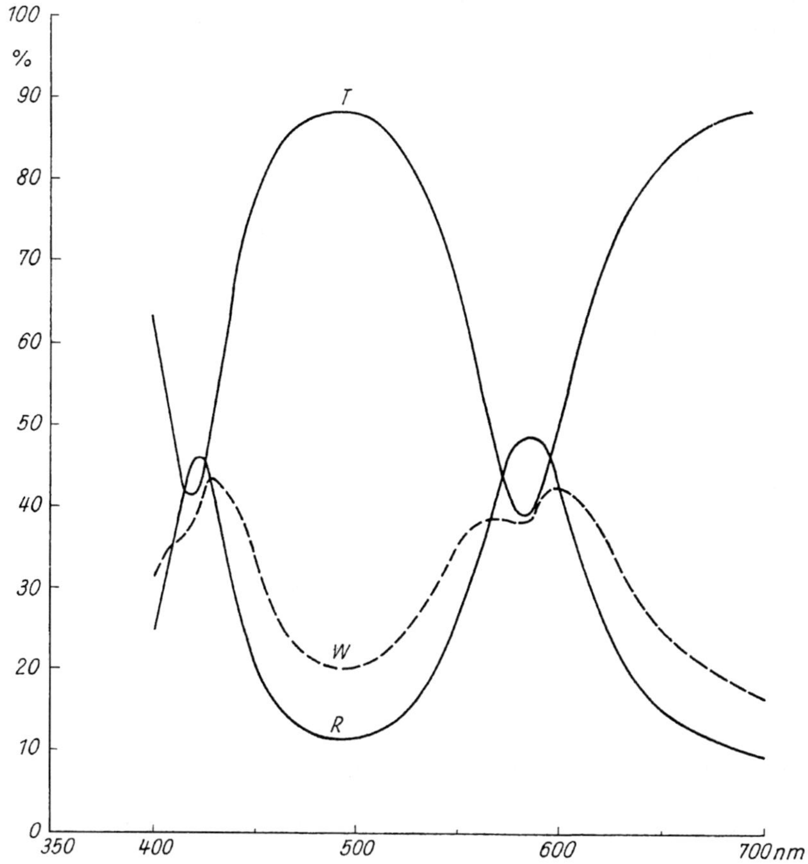

Abb. 21. Silberschicht auf Glas mit einer Wechselschicht, nach TURNER.

wenn es nötig ist, durch „Paßfilter“ abgeschnitten werden. Diese „Filter-Trennschicht“ ist 1956 zum Patent angemeldet worden. Die 1958 von POHLACK [55] veröffentlichten „Interferenz-Minusfilter“ dürften für den gleichen Zweck ebenfalls geeignet sein.

32. *Beobachtung auf der Seite der Lichtquelle*

Beim MICHELSON-Interferometer geht ein Teil des einfallenden Lichtes wieder zur Lichtquelle zurück, und man beobachtet selbstverständlich auch in dieser Richtung (Abb. 23) eine Interferenzerscheinung, die der in der üblichen Einblickrichtung zum mindesten bei einer nichtabsorbierenden Trennfläche komplementär ist. Man wird jedoch im allgemeinen nicht

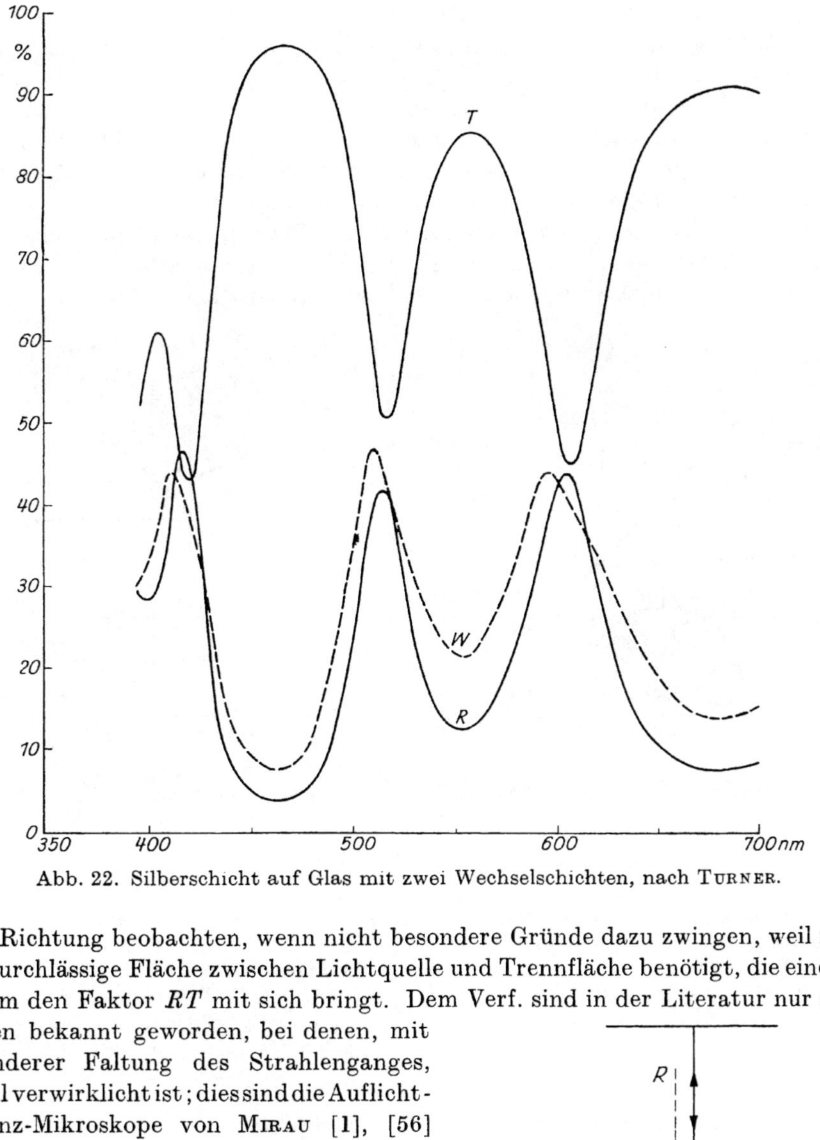

Abb. 22. Silberschicht auf Glas mit zwei Wechselschichten, nach TURNER.

in dieser Richtung beobachten, wenn nicht besondere Gründe dazu zwingen, weil man hier eine teildurchlässige Fläche zwischen Lichtquelle und Trennfläche benötigt, die einen Lichtverlust um den Faktor RT mit sich bringt. Dem Verf. sind in der Literatur nur zwei Anordnungen bekannt geworden, bei denen, mit etwas anderer Faltung des Strahlenganges, dieser Fall verwirklicht ist; dies sind die Auflicht-Interferenz-Mikroskope von MIRAU [1], [56] und DYSON [1], [57]. Abb. 24 stellt das Gerät von MIRAU dar. Das von der Lichtquelle herkommende Licht *6* wird an der teildurchlässigen Fläche *1* reflektiert, durchsetzt das Objektiv *2* und wird an der teildurchlässigen Trennfläche *3* aufgespalten. Ein Anteil fällt auf das Objekt *4*, wird an diesem reflektiert und gelangt wieder in das Objektiv des Mikroskops. Der zweite Strahl der Vergleichsstrahl, gelangt nach Reflexion an der Trennfläche auf den an der ebenen Unterseite der Frontlinse des Objektivs befindlichen vollverspiegelten Fleck *5*, wird an diesem reflektiert und gelangt nach abermaliger Reflexion an der Trennfläche ebenfalls in das Objektiv. Bei dem Interferenzmikroskop von DYSON

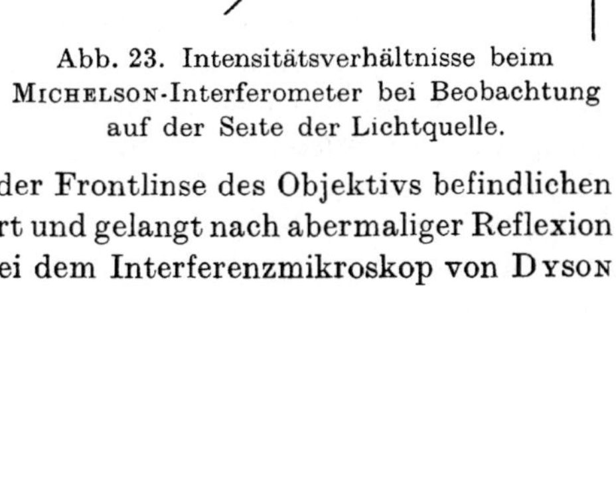

Abb. 23. Intensitätsverhältnisse beim MICHELSON-Interferometer bei Beobachtung auf der Seite der Lichtquelle.

(Abb. 25) ist der Strahlengang ähnlich. Anders als bei Mirau befindet sich hier jedoch unterhalb des Mikroskopobjektivs *2* eine geschlossene, an jedem normalen Auflichtmikroskop anzubringende Einheit, die die Interferenzen erzeugt und das Objekt in die Objektebene des Mikroskops abbildet. Sie besteht aus zwei Planparallelplatten *3* und *4* und einer plankonvexen Linse *5*, deren gekrümmte Fläche *8* bis auf einen kleinen Ausschnitt im Scheitel vollverspiegelt ist. Die Strahlenteilung wird von der teildurchlässigen Fläche *9* bewirkt. Als Vergleichsfläche dient der vollverspiegelte Fleck *10*.

Man gewinnt bei den genannten Anordnungen den Vorteil, das Licht nicht von der Seite in den durch die Interferenzeinrichtung ohnehin schon stark beanspruchten Raum zwischen Objekt und Objektiv schicken zu müssen, sondern kann dieses in einfacherer

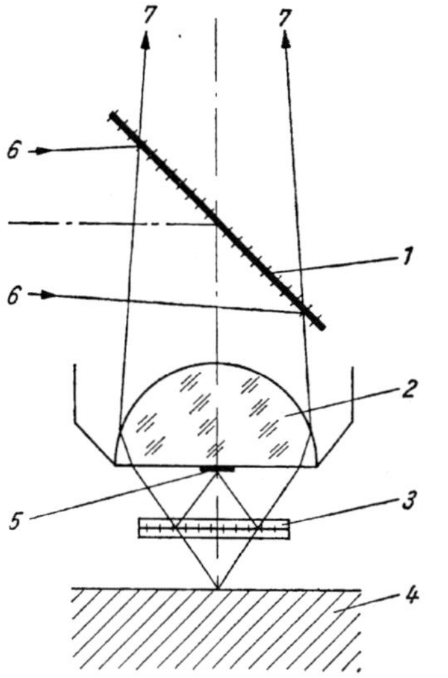

Abb. 24. Auflicht-Interferenzmikroskop nach Mirau.
1 — teildurchlässige Fläche; *2* — Objektiv; *3* — Trennfläche; *4* — Objekt; *5* — verspiegelter Fleck als Vergleichsfläche; *6* — einfallende Strahlen; *7* — zum Okular.

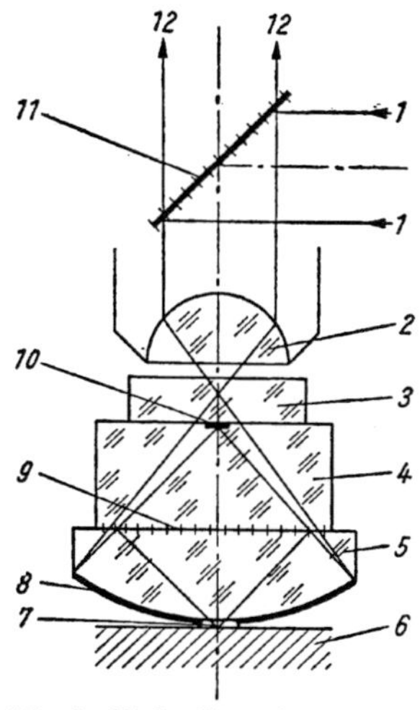

Abb. 25. Auflicht-Interferenzmikroskop nach Dyson.
1 — einfallende Strahlen; *2* — Objektiv; *3* u. *4* — Planparallelplatten; *5* — Plankonvexlinse; *6* — Objekt; *7* — Immersion; *8* — Vollverspiegelung; *9* — teildurchlässige Fläche; *10* — voll verspiegelter Fleck; *11* — teildurchlässige Fläche; *12* — zum Okular.

Weise mittels eines Vertikalilluminators durch das Objektiv fallen lassen. Man erreicht auf diese Weise größere Beleuchtungs- und Beobachtungsaperturen als sie etwa bei einem normalen Michelson-Interferometer vor dem Objektiv [58], [59] möglich sind, bei dem die Trennfläche unter 45° zur optischen Achse steht, während sie bei den genannten Interferometern senkrecht dazu steht und daher weniger Raum beansprucht. In den genannten Arbeiten sind übrigens keine Intensitätsbetrachtungen der unten folgenden Art angestellt worden. Der hier behandelte Fall spielt ferner eine Rolle bei der Betrachtung der Analogie zwischen Michelson- und Mach-Zehnder-Interferometer.

Abb. 23, 24 und 25 haben den Tatbestand gemeinsam, daß der eine der beiden später miteinander interferierenden Strahlenanteile zweimal an der Trennfläche reflektiert wird, während der andere zweimal hindurchgeht; das Interferometer ist also unsymmetrisch. Wir betrachten nun die Verhältnisse in der in Abb. 23 schematisierten Anordnung, ohne Reflexion und Durchlässigkeit anderer optischer Elemente zu berücksichtigen als der

Trennfläche. Wie der genannten Abb. zu entnehmen ist, beträgt die Ausgangsenergie E ohne Rücksicht auf Intensitätsgleichheit beider Strahlenanteile

$$E = R^2 + T^2. \tag{13}$$

Intensitätsgleichheit ist hier im Gegensatz zur anderen Beobachtungsweise nur bei der einen Schichtdicke gegeben, bei der $R = T$ ist. In Abb. 26 ist die Ausgangsenergie (13) für die drei in den Abb. 7—9 dargestellten Silberschichten aufgetragen. Die Stelle $R = T$ ist durch einen kurzen senkrechten Strich auf der jeweiligen Kurve gekennzeichnet. In allen drei Fällen liegt die Intensitätsgleichheit in der Nähe des Minimums der Ausgangsenergie. Intensitätsbetrachtungen unter Berücksichtigung der unter 311 beschriebenen

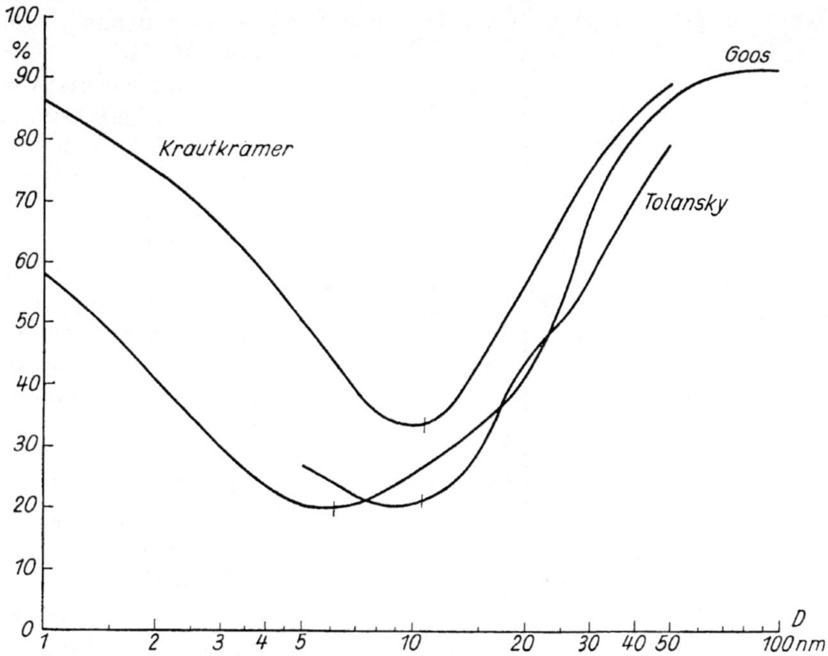

Abb. 26. Ausgangsenergie beim MICHELSON-Interferometer mit Beobachtung auf der Seite der Lichtquelle. Die senkrechten Striche bezeichnen die Stellen $R = T$.

Verhältnisse bei üblicher Beobachtungsart machen es evident, daß die Intensitätsgleichheit im Falle fehlender oder konstanter Absorption oder in einigen weiteren Sonderfällen genau im Minimum der Ausgangsenergie liegt.

Nach dem unter 311 Gesagten ist also bei Benutzung einer absorbierenden Trennfläche der maximal erreichbare (unter der Voraussetzung der Intensitätsgleichheit definierte) Wirkungsgrad eines MICHELSON-Interferometers bei Beobachtung von der Seite der Lichtquelle her stets geringer oder höchstens gleich dem bei der üblichen Beobachtungsweise. Für diejenige Schichtdicke, bei der $R = T$ ist, ist der Wirkungsgrad stets in beiden Richtungen gleich.

Die Tatsache, daß für größere Schichtdicken als $R = T$ entspricht die Ausgangsenergie in beiden Beobachtungsrichtungen zunächst zunimmt, zeigt nochmals den Einfluß einer mit der Schichtdicke veränderlichen Absorption auf den unter 311 beschriebenen Effekt, daß der maximale Wirkungsgrad im allgemeinen größer ist und bei größeren Schichtdicken liegt als $R = T$ entspricht. Dies ist nur möglich, wenn jenseits des Punktes $R = T$ ein Gebiet liegt, in dem mit zunehmender Schichtdicke die Absorption abnimmt.

4. Das Mach-Zehnder-Interferometer

41. Allgemeines

Das Mach-Zehnder-Interferometer läßt zwei verschiedene Einblick- oder Beobachtungsrichtungen zu (Abb. 27). Wir wollen, je nachdem ob die Beobachtung parallel oder senkrecht zur Richtung des einfallenden Lichts erfolgt, von *Parallelbeobachtung* oder von *senkrechter Beobachtung* sprechen, auch wenn das Interferometer nicht in der in Abb. 27 dargestellten „orthodoxen" rechtwinkligen Form vorliegt. Da hier strahlenteilende (S_1) und strahlenzusammenführende Schicht (S_2) im Gegensatz zum gewöhnlichen Michelson-Interferometer getrennt sind (beim Michelson-Interferometer mit Rechtwinkelspiegeln [16], [17] ist diese Trennung ebenfalls möglich, vgl. Abb. 28a), kann man hier beide Schichten entweder gleich oder ungleich wählen.

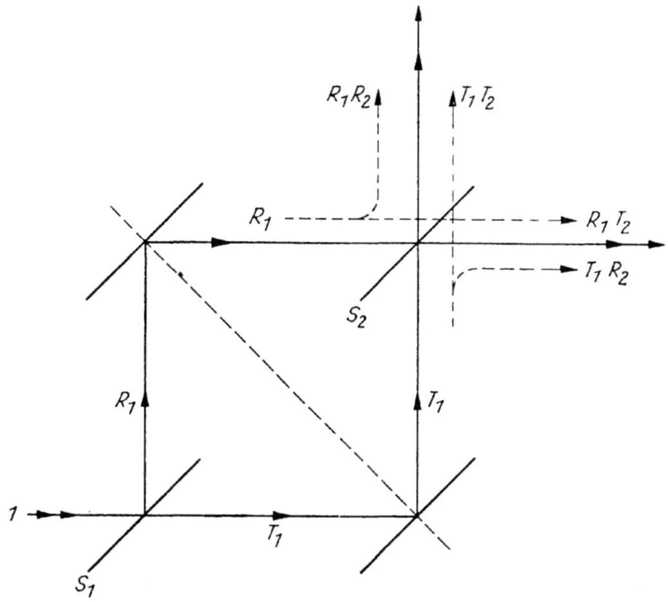

Abb. 27. Intensitätsverhältnisse beim Mach-Zehnder-Interferometer.

Wir haben hier hinsichtlich des Einflusses der teildurchlässigen Schichten auf die Intensitätsgleichheit einen dritten Interferometertyp vor uns. Bei den Interferometern mit nur einer teildurchlässigen Schicht, bei denen diese also nacheinander als Trenn- und Vereinigungsschicht wirkt, haben wir zwei Fälle kennengelernt: entweder wird die Intensitätsgleichheit automatisch bei jeder Schichtdicke erreicht oder sie ist bei einer einzigen Schichtdicke erzielbar. Bei den Interferometern mit räumlich getrennter Trenn- und Vereinigungsfläche liegen die Verhältnisse ebenso, wenn identische Schichten gewählt werden. Bei nichtidentischen Schichten dagegen gibt es i. a. zu jedem Wertepaar R_1, T_1 der einen Schicht ein Wertepaar R_2, T_2 der anderen Schicht, für das sich Intensitätsgleichheit erreichen läßt. Im folgenden sollen diese letztgenannten Fälle hinsichtlich der Intensitätsverhältnisse diskutiert werden, ohne daß die Polarisationsverhältnisse dabei berücksichtigt werden. Eine eingehende Diskussion der letzteren wird sicher manches der unten gewonnenen Ergebnisse einschränken, jedoch soll diese nicht einfache Diskussion hier nicht vorgenommen werden.

In einem Falle ist es jedoch nötig, die Polarisation zu berücksichtigen. Weil das Mach-Zehnder-Interferometer zwei Ausgänge hat, könnte man daran denken, die gesamte Ausgangsenergie in einem Ausgang zu konzentrieren und eventuell einen Wirkungsgrad von über 50% zu erzielen. Energiemäßig ist dies ohne weiteres möglich, und zwar mit Hilfe der von Banning (vgl. [13] S. 288) und Schröder [60]—[62] entwickelten Interferenz-Polarisatoren. Mit diesen ist es möglich, das einfallende Licht im Verhältnis 1:1 so zu teilen, daß der eine Teil in der Einfallsebene, der andere senkrecht dazu linear polarisiert ist. Man kann so eine Mach-Zehnder-Anordnung erhalten, bei der alle Energie in den senkrecht zur Einfallsrichtung gelegenen Ausgang geht, und auch beim MICHELSON-Interferometer ließe sich, mit einigen zusätzlichen Einrichtungen, ähnliches erreichen. Interferenzen sind dann jedoch nicht mehr sichtbar, denn beide Strahlenanteile sind senkrecht zueinander polarisiert. Schaltet man ein Polarisationsfilter mit einem Azimut von 45° hinter das Gerät, um die in diese Richtung fallenden Komponenten zu Interferenz zu bringen, so gehen 60 bis 70%, bei Kalkspatprismen 55% des Lichts verloren ([63] S. 291), ganz abgesehen davon, daß dann i. a. noch nicht der Kontrast 1 erreicht ist. Es erscheint

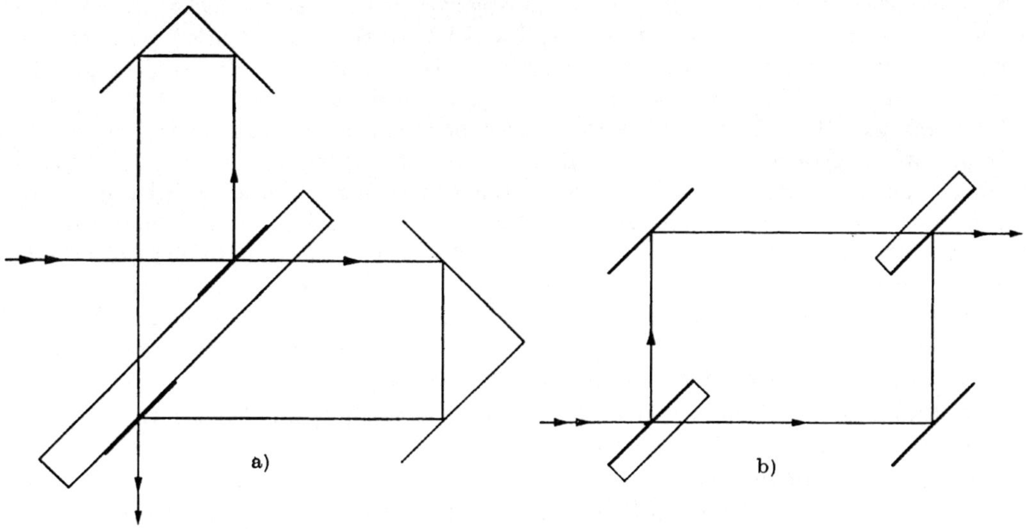

Abb. 28. a) MICHELSON-Interferometer mit Rechtwinkelspiegeln.
b) MACH-ZEHNDER-Interferometer mit Planparallelplatten.

also unmöglich, ein Interferometer zu entwickeln, bei dem Strahlenteilung und -vereinigung an teildurchlässigen Flächen erfolgen, das einen Wirkungsgrad von mehr als 50% aufweist.

42. Identische Schichten (gleiche Art und gleiche Dicke)

Sind die Schichten S_1 und S_2 (Abb. 27) identisch, so werden $R_1 = R_2$ und $T_1 = T_2$. Wie ein Vergleich von Abb. 27 mit Abb. 4 und 23 zeigt, liegen dann bei einem MACH-ZEHNDER-Interferometer in Parallelbeobachtung die gleichen Verhältnisse vor wie bei einem MICHELSON-Interferometer in üblicher Beobachtungsweise, während die senkrechte Beobachtung dem MICHELSON-Interferometer mit Beobachtung von der Lichtquelle her entspricht. Die Parallelbeobachtung ist daher nach dem oben Gesagten die günstigere; bei ihr ist der Durchgang symmetrisch und der maximal erreichbare Wirkungsgrad daher höher als bei senkrechter Beobachtung.

Das MACH-ZEHNDER-Interferometer mit identischen Schichten kann in Parallelbeobachtung auch dann noch symmetrisch bleiben, wenn man unsymmetrische Schichten in geeigneter Weise benutzt, d. h. Schichten, die z. B. auf einer Seite an Glas, auf der anderen Seite an Luft grenzen. Befinden sich solche Schichten auf der einen Fläche einer Planparallelplatte, so kann man die zwei erforderlichen Planparallelplatten leicht so anbringen, daß in Parallelbeobachtung die Reflexionen stets entweder nur von außen oder nur von innen erfolgen und beide Strahlenanteile den gleichen Glasweg zurücklegen (Abb. 28b).

Auch das Michelson-Interferometer mit Rechtwinkelspiegeln läßt sich so konstruieren, daß die Schichten hier entsprechend benutzt werden (Abb. 28a). Für beide Interferometer ist in Abb. 15 der Wirkungsgrad einer von Simonsohn ([38] S. 58) mit der hohen Geschwindigkeit von 2 nm/sec aufgedampften Silberschicht dargestellt. Sein Maximum stellt mit 44,8% den höchsten bei Metallschichten bisher beobachteten Wert dar. Im Gegensatz zu diesen beiden Anordnungen ist das Michelson-Interferometer mit Planparallelplatten stets unsymmetrisch, wie in Abschnitt 311 gezeigt worden war. Bei den unsymmetrischen Schichten können u. U. günstigere Verhältnisse vorliegen als bei symmetrischen; Pohlack [21], [22] hat gezeigt, daß bei ersteren die Absorption geringer sein kann, besonders bei hochbrechenden Unterlagen, oder wenn sich zwischen Metallschicht und Träger noch eine interferenzfähige dielektrische Schicht befindet.

Während das Mach-Zehnder-Interferometer häufig vom Jamin-Interferometer abgeleitet wird, gegenüber dem es eine größere räumliche Trennung der interferierenden Bündel ermöglicht, tritt hier seine Verwandtschaft mit dem Michelson-Interferometer zutage, zum mindesten solange in beiden Fällen symmetrische Schichten benutzt werden. Wir brauchen uns in Abb. 27 nur den oberen Teil des Interferometers um die gestrichelte Linie herumgeklappt zu denken, um ein Michelson-Interferometer zu erhalten. Michelson selbst erwähnt diese Form auch unter den Varianten seines Interferometers [32]. Der Unterschied zwischen dem Michelson- und dem Mach-Zehnder-Interferometer liegt im wesentlichen darin, daß bei dem Mach-Zehnder-Interferometer

1. eine räumliche Trennung zwischen den zu den festen Spiegeln S gehenden und von ihnen zurückkehrenden Strahlen erfolgt und
2. eine seitliche Parallelverschiebung eines der interferierenden Strahlenanteile unabhängig von dem anderen möglich ist; darum ist hier die Zahl der Freiheitsgrade der Justierung größer als beim Michelson-Interferometer.

Dazu kommt nun noch, daß das Mach-Zehnder-Interferometer mit nichtidentischen Schichten ausgestattet werden kann. Das oben mehrfach erwähnte Michelson-Interferometer mit Rechtwinkelspiegeln kann so konstruiert werden, daß es ebenfalls die genannten Eigenschaften besitzt.

43. *Nichtidentische Schichten (ungleiche Art oder ungleiche Dicke oder beides)*

Nichtidentische Schichten beim Mach-Zehnder-Interferometer entsprechen etwa dem unsymmetrischen Trennwürfel beim Michelson-Interferometer. Während im ersten Fall Intensitätsgleichheit erreichbar ist, gilt dies für den unsymmetrischen Trennwürfel nicht, denn hier steht nur ein Wert für die Durchlässigkeit, die ja in beiden Richtungen gleich ist, zur Verfügung.

431. Parallelbeobachtung

Wir entnehmen Abb. 27, daß die Ausgangsenergie in dieser Beobachtungsart

$$E = R_1 T_2 + R_2 T_1 \tag{14}$$

beträgt und die Bedingung für die Intensitätsgleichheit

$$\frac{R_1}{T_1} = \frac{R_2}{T_2} \tag{15}$$

lautet. Die Berechnung des Maximums der Funktion (14) mit der Nebenbedingung (15) ergibt als Bedingung für das Maximum des Wirkungsgrades

$$\frac{R_{1O}^2}{T_{1O}^2} = \frac{R_{2O}^2}{T_{2O}^2} = \frac{R'_{1O}\,R'_{2O}}{T'_{1O}\,T'_{2O}} = \left(1 + \frac{A'_{1O}}{T'_{1O}}\right)\left(1 + \frac{A'_{2O}}{T'_{2O}}\right). \tag{16}$$

Der Strich deutet die Differentiation nach der jeweiligen Schichtdicke D_1 bezw. D_2 an und der Index O das Optimum der betreffenden Größe, d. h. ihren Wert bei Intensitätsgleichheit.

Bei zwei identischen Schichten ergibt sich wieder (8), wobei hier noch Überlegungen über das Vorzeichen anzustellen sind, auf die jedoch nicht näher eingegangen sei.

Bei zwei nichtidentischen Schichten ergibt sich $R_{1O} = T_{1O}$ und $R_{2O} = T_{2O}$, wenn

1. beide Schichten nicht absorbieren

oder 2. beide konstante, gleiche oder ungleiche Absorption haben,

oder 3. am Ort des Maximums

$$\left|\frac{T'_{1O}}{R'_{1O}}\right| = \left|\frac{T'_{2O}}{R'_{2O}}\right| \tag{17}$$

ist, wobei 3 die allgemeine Bedingung darstellt, die die Fälle 1 und 2 umfaßt, jedoch noch über sie hinausgeht. Es kann also, wie beim MICHELSON-Interferometer, in seltenen Fällen auch bei Schichten mit einer mit der Schichtdicke veränderlichen Absorption erforderlich sein, zur Erzielung eines maximalen Wirkungsgrades die Schichten „halbdurchlässig" zu machen; im allgemeinen werden jedoch die optimalen R- und T-Werte einander nicht gleich sein.

In der Praxis wird man das Maximum des Wirkungsgrades, ähnlich wie es beim MICHELSON-Interferometer geschildert worden war, aus den empirischen Werten für R und T ermitteln. Dies geschieht in folgender Weise. Die Bedingung (15) für die Intensitätsgleichheit ist bei identischen Schichten für jede Schichtdicke erfüllt. Bei nichtidentischen Schichten kann sie für einen vorgegebenen Wert R/T im allgemeinen nur für zwei verschiedene Dicken D_1 bzw. D_2 der Schichten S_1 bzw. S_2 erfüllt sein. Wir wollen diese beiden zusammengehörigen Schichtdicken, die Intensitätsgleichheit ermöglichen, *korrespondierende Dicken* nennen. In Abb. 29 sind als Beispiel die R/T-Werte für die TOLANSKYsche Schicht Abb. 7 und die KRAUTKRÄMERsche Schicht Abb. 8 als Funktion der Schichtdicke aufgetragen (die Kurve R'/T' wird später erklärt werden). Für jeden Wert R/T, d. h. für jede Ordinate, gibt es im allgemeinen Abszissenwerte, die korrespondierenden Schichtdicken. Auf diese Weise werden die einzelnen Paare korrespondierender Schichtdicken ermittelt, deren Gesamtheit für das obige Beispiel in Abb. 30 dargestellt ist (Kurve TOLANSKY-KRAUTKRÄMER =, wobei das Gleichheitszeichen die Parallelbeobachtung symbolisiert). Als Abszisse ist die Dicke der KRAUTKRÄMERschen Schicht, als Ordinate die der anderen Schicht der Kombination (siehe auch unten) aufgetragen.

Aus (14) und (15) folgt für den Wirkungsgrad

$$W = 2\,R_2\,T_1 = 2\,R_1\,T_2\,. \tag{18}$$

Diesen Wirkungsgrad kann man so ermitteln, daß man aus den Paaren korrespondierender Schichtdicken die zusammengehörigen Werte R_2 und T_1 oder R_1 und T_2 ermittelt und aus diesen den Wirkungsgrad nach (18) errechnet. Dieser kann dann entweder als Funktion der einen oder der anderen Schichtdicke aufgetragen und aus der Kurve das Maximum ermittelt werden. Abb. 31 zeigt so ermittelte Wirkungsgradkurven für Kombinationen der drei in Abb. 7, 8 und 9 dargestellten Schichten als Funktion der Dicke der in der Kombination jeweils erstgenannten Schicht. Die Kombination KRAUTKRÄMER-TOLANSKY gibt,

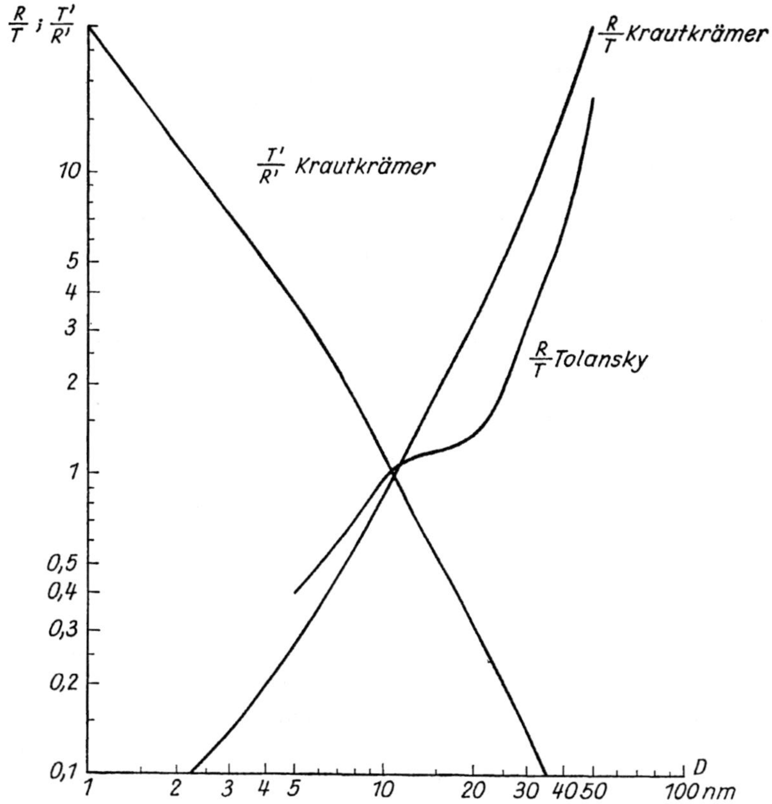

Abb. 29. Zur Ermittlung der korrespondierenden Schichtdicke beim MACH-ZEHNDER-Interferometer.

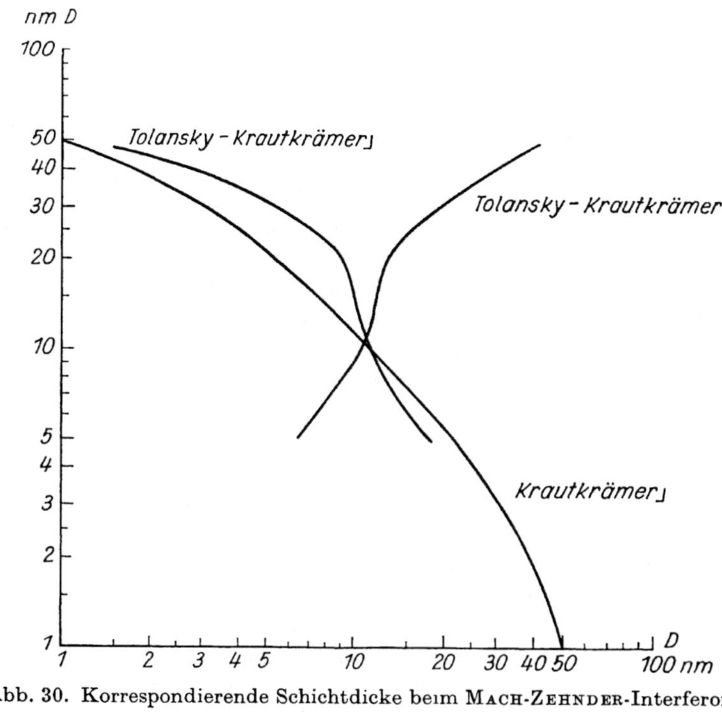

Abb. 30. Korrespondierende Schichtdicke beim MACH-ZEHNDER-Interferometer.

wie von vornherein zu erwarten war, das beste Resultat, jedoch kann offenbar durch die Kombination nicht ein so hoher Wirkungsgrad erreicht werden, wie er bei identischen Schichten mit der besseren Schicht (TOLANSKY) möglich ist (vgl. Abb. 7, Kurve W, die ja zugleich den Wirkungsgrad für den letztgenannten Fall darstellt). Der Wert einer solchen Kombination scheint in der Möglichkeit zu liegen, einen bestimmten spektralen Verlauf des Wirkungsgrades zu erzielen.

Da man alle Schichten miteinander kombinieren kann, ergibt sich eine Fülle von Möglichkeiten, insbesondere für den spektralen Verlauf des Wirkungsgrades. Es ist jedoch

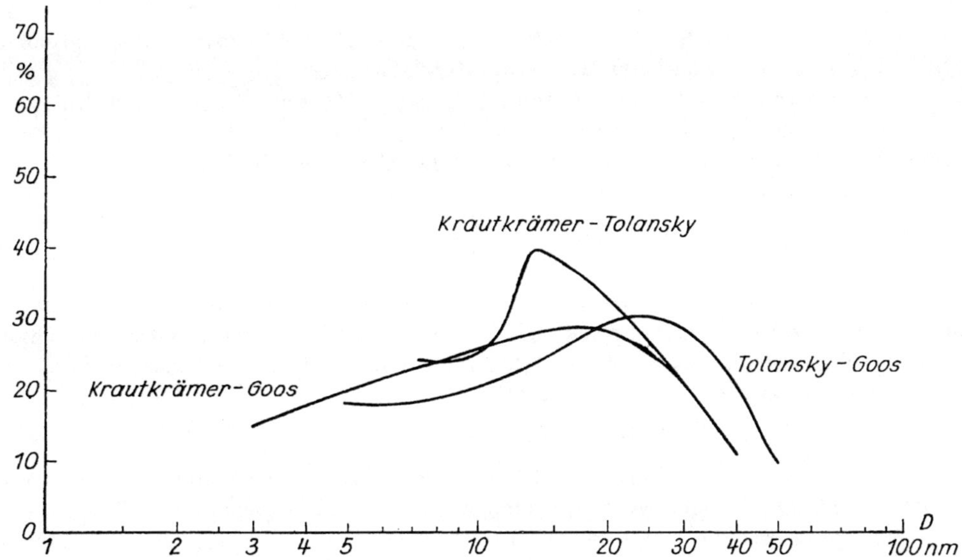

Abb. 31. Abhängigkeit des Wirkungsgrades beim MACH-ZEHNDER-Interferometer von der Schichtdicke bei kombinierten Schichten in Parallelbeobachtung.

immer zu bedenken, daß bei verschiedenartigen Schichten bzw. verschiedenen Schichtdicken die Polarisationsverhältnisse verschieden sein können.

Schichten gleicher Art aber ungleicher Dicke sind hier, im Gegensatz zur senkrechten Beobachtung, nicht verwendbar; die Kurven R/T steigen in allen bisher untersuchten Fällen monoton mit der Schichtdicke an, weshalb für kein Paar ungleicher Dicken Intensitätsgleichheit zu erreichen ist.

432. Senkrechte Beobachtung

Wir wollen, ungeachtet etwaiger Einschränkungen durch Verschiedenheit der Polarisationsverhältnisse, auch diesen Fall kurz diskutieren. Wir entnehmen Abb. 27, daß die Ausgangsenergie hier durch

$$E = R_1 R_2 + T_1 T_2 \tag{19}$$

gegeben ist und die Bedingung für die Intensitätsgleichheit

$$\frac{R_1}{T_1} = \frac{T_2}{R_2} \tag{20}$$

lautet. Eine einfache Maximumrechnung für die Funktion (19) unter Berücksichtigung der Nebenbedingung (20) ergibt für das Maximum des Wirkungsgrades die Bedingung

$$\frac{R_{1O}^2}{T_{1O}^2} = \frac{T_{2O}^2}{R_{2O}^2} = \frac{R'_{1O}\,T'_{2O}}{R'_{2O}\,T'_{1O}} = \frac{1 + \frac{A'_{1O}}{T'_{1O}}}{1 + \frac{A'_{2O}}{T'_{2O}}}. \qquad (21)$$

Der Strich deutet wieder die Differentiation nach der jeweiligen Schichtdicke D_1 bezw. D_2 an, der Index O bedeutet das Optimum der betreffenden Größe, d. h. ihren Wert bei Intensitätsgleichheit.

Für identische Schichten gilt also stets $R = T$, auch für $A' \neq O$, wie in dem entsprechenden, in 32 beschriebenen Fall beim Michelson-Interferometer.

Bei zwei nichtidentischen Schichten ergibt sich $R_{1O} = T_{1O}$ und $R_{2O} = T_{2O}$, wenn

1. beide Schichten nicht absorbieren,

oder 2. beide konstante, gleiche oder ungleiche Absorption haben,

oder 3. am Ort des Maximums

$$\left|\frac{R'_{1O}}{T'_{1O}}\right| = \left|\frac{R'_{2O}}{T'_{2O}}\right| \qquad (22)$$

ist, wobei 3 wiederum die allgemeine Bedingung ist, die 1 und 2 mit umfaßt, jedoch über sie hinausgeht. Der Fall der „Halbdurchlässigkeit" ist also auch bei nichtidentischen Schichten in senkrechter Beobachtung bei nicht konstanter Absorption ein Ausnahmefall. Aus (19) und (20) ergibt sich für den Wirkungsgrad

$$W = 2\,R_1\,R_2 = 2\,T_1\,T_2\,. \qquad (23)$$

Zur Ermittlung der korrespondierenden Schichtdicken müssen sinngemäß die Funktionen R_1/T_1 bezw. T_2/R_2 aufgetragen werden, wovon Abb. 29 zwei Beispiele gibt. Wir erkennen, daß sich bei dieser Beobachtungsart Schichten gleicher Art, aber ungleicher Dicke, im Gegensatz zur Parallelbeobachtung, verwenden lassen. In Abb. 29 ist dafür als Beispiel die Krautkrämersche Schicht Abb. 8 angegeben, wobei die Striche an dem Ausdruck T'/R' keine Differentiation, sondern nur die Verschiedenheit der R- und T-Werte von

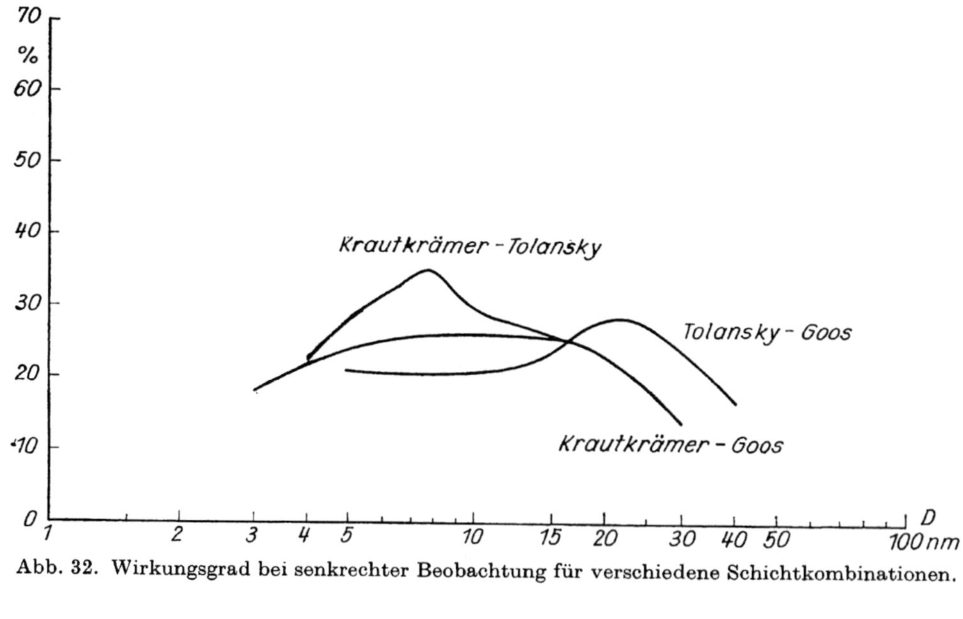

Abb. 32. Wirkungsgrad bei senkrechter Beobachtung für verschiedene Schichtkombinationen.

denen des gleich großen Bruches R/T ausdrücken sollen. Die Gesamtheit der Paare korrespondierender Schichtdicken dieser Kombination ist in der Kurve „Krautkrämer ⌟“ in Abb. 30 dargestellt, wobei der Haken die senkrechte Beobachtung symbolisieren soll. Diese Kurve ist, wie alle Kurven der korrespondierenden Schichtdicken für die gleichartigen Schichten, symmetrisch zur $+45°$-Linie. In den Abb. 7, 8 und 9 sind die Wirkungsgradkurven für die soeben geschilderte Kombination der betreffenden Schichten als Kurven $W_{\lrcorner}$ dargestellt. Die Maxima dieser Kurven sind stets geringer als die mit W bezeichneten Kurven für Parallelbeobachtung. Zu beachten sind die beiden gleich hohen Maxima bei der Tolanskyschen Schicht Abb. 7 und das dazwischenliegende Minimum in der Nähe von $R = T$. Bemerkenswert ist ferner, daß das Maximum der $W_{\lrcorner}$-Kurve bei der Krautkrämerschen Schicht Abb. 8 höher liegt als bei der Tolanskyschen (Abb. 7), während die Verhältnisse bei Parallelbeobachtung gerade umgekehrt sind. Dies zeigt, daß Schichten, die für die eine Beobachtungsart brauchbar sind, nicht notwendig auch für die andere geeignet sein müssen.

Aus Abb. 29 können auch die Paare korrespondierender Schichtdicken für die Kombination der ungleichen Schichten Tolansky-Krautkrämer ermittelt werden; ihre Gesamtheit ist in Abb. 30 in der Kurve Tolansky-Krautkrämer ⌟ dargestellt. Die so ermittelten Wirkungsgradkurven für die verschiedenen Kombinationen zeigt Abb. 32 als Funktion der Dicke der jeweils erstgenannten Schicht. Bemerkenswert ist, daß hier das Maximum der Kombination Krautkrämer-Tolansky ebenso hoch ist wie das Maximum des Wirkungsgrades der Krautkrämerschen Schicht allein bei senkrechter Beobachtung (Abb. 8 Kurve $W_{\lrcorner}$).

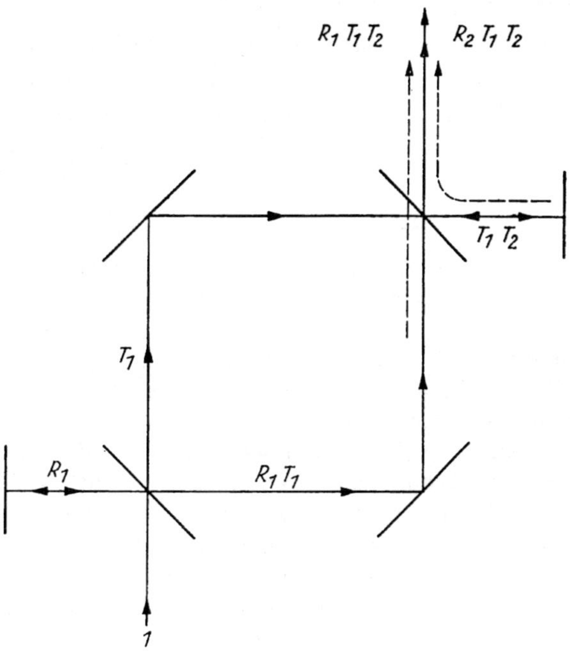

Abb. 33. Intensitätsverhältnisse bei einem speziellen Interferometer.

5. Einige Bemerkungen

Um noch einen weiteren Gesichtspunkt zu gewinnen, wollen wir das in Abb. 33 dargestellte Interferometer betrachten, das als kombiniertes Durchlicht- und Auflicht-Interferometer entworfen wurde [1]. Hier geht die Durchlässigkeit nicht in die Bedingung für die Intensitätsgleichheit ein, denn diese lautet, wie man Abb. 33 entnimmt,

$$R_1 = R_2 \, . \qquad (24)$$

Es ist hier also vor allem in experimenteller Hinsicht einfacher, Paare korrespondierender Schichten zusammenzustellen als beim Mach-Zehnder-Interferometer, denn man braucht nur die Reflexion zu messen. In die Formel für den Wirkungsgrad geht die Transmission dann wieder ein. Wegen des zweimaligen Durchgangs durch die teildurchlässigen Schichten ist der Wirkungsgrad natürlich erheblich geringer als beim Michelson- und Mach-Zehnder-Interferometer.

Eine weitere Bemerkung bezieht sich auf die Intensitätsgleichheit am reellen Keil und dessen Verwendung für Zweistrahl- und Mehrstrahlinterferometrie. Der reelle Keil wird in einfachster Form durch die beiden einander zugewandten Flächen zweier einen geringen Winkel miteinander bildender Planparallelplatten erzeugt. Von den Wirkungen der Außenflächen der letzteren wollen wir absehen. Sind nun die erwähnten Flächen nicht oder nur schwach verspiegelt, so kommen im wesentlichen nur zwei Strahlen zur Interferenz. Wird die Verspiegelung stärker gewählt, dann steigt die Zahl der miteinander interferierenden Strahlen, und damit treten die bekannten Effekte der Streifenverschärfung, der z. T. unsymmetrischen Intensitätsverteilung usw. auf. Obwohl sowohl über die Intensitätsverhältnisse im ersten Bereich [7] als auch vor allem über die im zweiten Bereich [9], [39], [64] Untersuchungen vorliegen, sind die folgenden Bemerkungen offenbar noch nicht in zusammenhängender Form ausgesprochen worden.

Aus Abb. 34 ist zu entnehmen, daß die Bedingung für die Intensitätsgleichheit für den reellen Keil im Auflicht

$$R^+ = \frac{R}{T^2} \tag{25}$$

lautet, wobei R^+ das Reflexionsvermögen des opaken Spiegels bedeutet und R und T sich auf die darüberliegende teildurchlässige Fläche beziehen. Es wird nahezu senkrechter Einfall vorausgesetzt. Die Bedingung (25) hat übrigens die gleiche Form wie die Bedingung (5) für die Intensitätsgleichheit beim Michelson-Interferometer mit Trenn- und Kompensationsplatte. Wir wollen nun ermitteln, zwischen welchen Grenzen das Reflexionsvermögen R der teildurchlässigen Fläche liegen muß, um für opake Prüflinge Intensitätsgleichheit in dem Bereich der in der Praxis fast ausschließlich in Frage kommenden Werte $R^+ = 0{,}1$ bis $R^+ = 1$ zu überstreichen. Eine einfache Rechnung ergibt, daß bei nichtabsorbierenden Schichten dieser Bereich zwischen $R =$ 0,08 und 0,38 liegt, während sich z. B. aus Abb. 8 für die Krautkrämersche Schicht 0,07 bzw. 0,28 ergibt. Rühle [7] hat vor Jahren für Silber ähnliche Werte wie die letztgenannten gefunden. Er konnte jedoch, da ihm die Mehrstrahlinterferenzen unbekannt waren, noch nicht den folgenden Schluß ziehen. Da die Bedingung (25) im Bereich geringer Reflexionsvermögen der teildurchlässigen Fläche erfüllbar ist, kommen im wesentlichen nicht viel mehr als zwei Strahlen zur Interferenz bzw. nehmen die Intensitäten der weiteren Strahlen so rasch ab, daß die unter der Voraussetzung zweier Strahlen abgeleitete Bedingung (25) als richtig angesehen werden kann. Andererseits wissen wir aus Untersuchungen von Tolansky ([9] S. 137f.) u. a., daß bei absorbierenden Schichten im Mehrstrahlbereich kein Kontrast 1 zu erzielen ist, wohl aber bei nichtabsorbierenden Schichten. Wir müssen hier von „Kontrast 1" sprechen, denn der Ausdruck „Intensitätsgleichheit", der im Zweistrahlgebiet praktisch das gleiche bedeutet, ist im Mehrstrahlgebiet nicht mehr anwendbar.

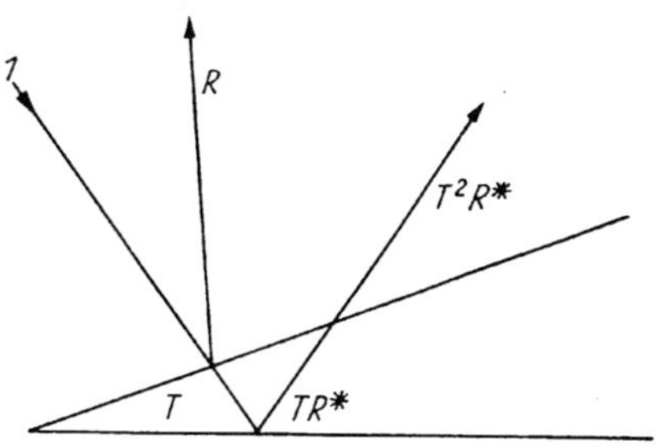

Abb. 34. Intensitätsverhältnisse am reellen Keil in Auflicht.

Betrachtet man den reellen Keil im Durchlicht, dann findet man leicht als Bedingung der Intensitätsgleichheit, wenn R_1 bzw. R_2 die Reflexionsvermögen der einen bzw. anderen Keilfläche sind,

$$R_1 R_2 = 1 \,. \tag{26}$$

Diese für zwei Strahlen abgeleitete Beziehung ist im Zweistrahlgebiet, dem der schwachen Reflexionen, nicht erfüllbar. Für das Mehrstrahlgebiet geht aus den Untersuchungen

TOLANSKYS ([9] S. 10) hervor, daß die Minimalintensität der Streifen weder für absorbierende noch für nichtabsorbierende Schichten auf Null zu bringen ist, d. h. daß kein Kontrast 1 zu erzielen ist. Eine Annäherung an den letzteren ergibt sich für $T \to 0$.

Es ergibt sich also der folgende interessante Tatbestand: Beim reellen Keil ist der Kontrast 1 im Auflicht im Zweistrahlgebiet für alle Schichten, im Mehrstrahlgebiet dagegen nur für nichtabsorbierende Schichten erreichbar, im Durchlicht jedoch für keine Schicht in keinem Gebiet.

Ein weiteres Beispiel für ein Interferometer, bei dem Intensitätsgleichheit nicht zu erreichen ist, gibt Abb. 35, die mit einer Anzahl ähnlicher Vorschläge der Patentliteratur entnommen ist [65]. Hier lautet die Bedingung für die Intensitätsgleichheit

$$T R^+ = 1 , \tag{27}$$

wenn R^+ das Reflexionsvermögen der als gleich angenommenen Endspiegel S ist und T die Durchlässigkeit der teildurchlässigen Schicht. Dies ist eine Bedingung der gleichen Form wie (26), denn T und R^+ sind ja ebenso unabhängig voneinander wählbar wie R_1 und R_2. Ebenso wie dort kommen große Werte der beteiligten Größen, im vorliegenden Falle T und R^+, der Erfüllung der Bedingung am nächsten. Bei großen T-Werten ist jedoch die Zahl der von einem Spiegel S über die Trennfläche zum anderen Spiegel pendelnden Strahlen, d. h. die Intensität der mehrfach reflektierten Strahlen, gering; wir befinden uns hier also im Zweistrahlgebiet. Es müssen jedoch sehr hohe Werte für T und R^+ gewählt werden, um guten Kontrast zu erreichen, und trotzdem bleibt die Ausgangsenergie gering; sie nimmt jedoch mit abnehmendem Kontrast zu. Für $T = R^+ = 0{,}95$ erhält man einen Kontrast von $K = 4/5$ und eine Ausgangsenergie $E = 9\%$, während sich für $T = R^+ = 0{,}9$ $K = 3/5$ und $E = 16\%$ ergibt. Für geringere T-Werte müssen Mehrfachreflexionen berücksichtigt werden. Diese sowie der Unterschied der hier vorliegenden Verhältnisse zu den TOLANSKYschen Arbeitsbedingungen sollen hier nicht näher untersucht werden. Es scheint jedoch hier in gewissem Sinne die Umkehrung des oben geschilderten reellen Keils in Durchlicht vorzuliegen: der Kontrast 1 wird in beiden Fällen nicht erreicht; während jedoch der kontrastmäßig günstigste Bereich beim Keil im Mehrstrahlgebiet lag, scheint er hier im Zweistrahlgebiet zu liegen. Die größte Ausgangsenergie liegt dabei stets in dem kontrastmäßig ungünstigeren Bereich.

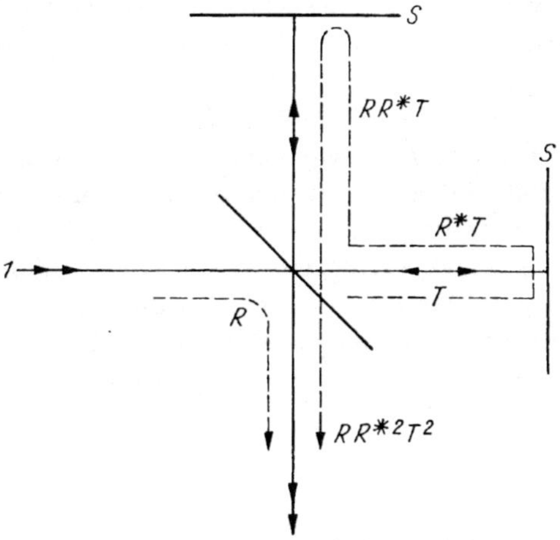

Abb. 35. Intensitätsverhältnisse bei einem speziellen Interferometer.

Die Erkenntnis, daß man durch *stetige* Änderung der Eigenschaften der teildurchlässigen Schicht bei Zweistrahlinterferometern eine Stelle optimaler Energiedurchlässigkeit (energy transfer) erreichen kann, hat offenbar als einziger CULSHAW [27] gewonnen. Er entwickelte ein MICHELSON-Interferometer für Millimeterwellen, dessen Strahlenteiler aus zwei einander parallelen Planplatten bestand, deren R- und T-Werte (die Absorption ist Null) durch Ändern des Abstandes beliebig geändert werden konnten. CULSHAW schreibt: „If the wave fronts in the interferometer were plane, the balance at a minimum would not depend on the reflecting properties of the ‚beam-divider', since there is a reflection and a transmission for each path. Thus the balance of the two beams would be unaffected by the value of the reflection coefficient, although the sensitivity and energy transfer from the transmitter to the receiver would be greatest for a power reflection coefficient of 50%".

In der optischen Interferometrie war ein ähnliches Vorgehen nicht möglich, solange man auf chemisch aufzubringende Schichten angewiesen war. Erst durch die Kathodenzerstäubungs- und Aufdampftechniken absorbierender und nichtabsorbierender Schichten wurde eine große Anzahl von Variationsmöglichkeiten geschaffen, deren Anwendungsmöglichkeiten zum Teil oben diskutiert wurden. Es scheinen sich indessen einige noch vorteilhaftere Verfahren darzubieten. Die bisherigen, aus unveränderlichen Schichten bestehenden Strahlenteiler haben den Nachteil, daß man mit ihnen das Interferometer z. B. nur für eine Kombination von Prüf- und Vergleichsspiegel oder nur für ein Objekt bestimmter Durchlässigkeit anpassen kann. Sobald sich eine dieser Größen ändert, kann man nur durch Auswechseln des Vergleichsspiegels, Verändern der Absorption in einem Strahlengang oder beim Mach-Zehnder durch Wahl einer anderen Schichtkombination Intensitätsgleichheit erzielen. Mit einer durch äußere Einwirkung stetig veränderlichen Schicht könnte man im Mach-Zehnder-Interferometer bei Prüflingen verschiedenster Durchlässigkeit Intensitätsgleichheit erreichen und beim Michelson-Interferometer mit Beobachtung auf der Seite der Lichtquelle bei verschiedenem Reflexionsvermögen von Prüfling und Vergleichsfläche den Kontrast verbessern. Als eine solche Schicht könnte man sich eine variable „verhinderte Totalreflexion" vorstellen, wie sie in nicht variabler Form bereits zur Konstruktion von Interferenzfiltern benutzt wird [66] oder noch eleganter die in einem französischen Patent beschriebene Schicht [67], bei der durch elektrische Änderung des Brechungsindex Reflexion und Durchlässigkeit stetig geändert werden können. In einfacherer Form kann dies durch eine große, in ihrer Ebene verschiebbare Trennfläche geschehen, bei der die Dicke der Schicht sich von der einen zur anderen Seite stetig oder stufenweise ändert.

6. Zusammenfassung

Bei Zweistrahlinterferometern läßt sich i. a. ein Wirkungsgrad definieren als derjenige Bruchteil des in das Interferometer hineingeschickten Lichtes, der an dessen Ausgang zur Verfügung steht, vorausgesetzt, daß gewisse Bedingungen erfüllt werden, die in der Hauptsache ein möglichst kontrastreiches Interferenzbild zum Ziel haben. Die wichtigste Bedingung ist die der Intensitätsgleichheit der beiden miteinander interferierenden Strahlenanteile; sie ergibt, mit einer Einschränkung, den höchsten erreichbaren Kontrastwert 1. Wie weit die Definition eines Wirkungsgrades sinnvoll ist, wenn man auf Intensitätsgleichheit verzichtet, um dafür andere Vorteile einzutauschen, bleibt außerhalb der Betrachtungen. Die einschränkende Bedingung dafür, daß bei Intensitätsgleichheit der Kontrast 1 erreicht wird, ist die Gleichheit der Polarisationsverhältnisse der beiden Strahlenanteile. Bei den symmetrischen Interferometern ist diese Bedingung stets erfüllt, bei den unsymmetrischen ist dies meist nicht der Fall. Weil die wichtigsten Interferometertypen symmetrisch gemacht werden können, wurden die Polarisationsverhältnisse in der vorliegenden Arbeit nicht berücksichtigt; die Ergebnisse der Betrachtungen über unsymmetrische Interferometer können daher wegen Ungleichheit der Polarisationsverhältnisse Einschränkungen erfahren.

Die Höhe des Wirkungsgrades hängt in besonderem Maße von dem Reflexions- und dem Durchlässigkeitsvermögen der zur Strahlenteilung und -zusammenführung benutzten teildurchlässigen Schichten, d. h. von deren Art und Dicke ab. Bei gegebener Schichtart ist die Bedingung der Intensitätsgleichheit je nach dem Interferometertyp entweder wie bei symmetrischen Interferometern für einen zusammenhängenden Bereich von Schichtdicken oder nur bei einer Schichtdicke erfüllbar. Werden zwei nichtidentische Schichten (ungleiche Art oder ungleiche Dicke oder beides), die eine zur Strahlenteilung, die andere zur Strahlenzusammenführung, benutzt, so ist i. a. Intensitätsgleichheit für eine kontinuierliche Mannigfaltigkeit von Paaren korrespondierender Schichtdicken erzielbar.

Das Michelson-Interferometer in üblicher Benutzungsweise kann symmetrisch ausgeführt werden. Intensitätsgleichheit ist bei allen Schichtdicken der teildurchlässigen Fläche vorhanden. Das Maximum des Wirkungsgrades liegt bei nichtabsorbierenden Schichten stets, bei absorbierenden nur in Ausnahmefällen bei „Halbdurchlässigkeit" ($R = T$). Bei Silberschichten ist es meist nach höheren Schichtdicken verschoben; der Unterschied gegenüber der „Halbdurchlässigkeit" hinsichtlich der Schichtdicke und der Höhe des Maximums kann bis zu 100% betragen. Einen für absorbierende Schichten besonders hohen Wirkungsgrad scheinen rasch aufgedampfte Silberschichten zu haben. Mit diesen leichter als Mehrfachschichten herzustellenden Silberschichten lassen sich Wirkungsgrade erzielen, die den mit Mehrfachschichten erreichbaren sehr nahekommen. Absorbierende und nichtabsorbierende Schichten geben die Möglichkeit, verschiedenste Typen des spektralen Verlaufs des Wirkungsgrades zu realisieren und damit das Interferometer speziellen Zwecken besonders anzupassen. Insbesondere erscheint es möglich, die Trennfläche als Interferenzfilter auszubilden, wobei ein beträchtlicher Intensitätsgewinn gegenüber dem Fall des vor oder hinter das Interferometer gesetzten Filters erzielt werden kann. Bei Beobachtungen von der Seite der Lichtquelle her ist das Michelson-Interferometer unsymmetrisch. Hier ist Intensitätsgleichheit nur bei „Halbdurchlässigkeit" ($R = T$) zu erzielen; bei nichtabsorbierenden Schichten liegt dieser Punkt im Minimum der Ausgangsenergie, bei absorbierenden i. a. in dessen Nähe.

Das Mach-Zehnder-Interferometer läßt zwei verschiedene Beobachtungsrichtungen, parallel und senkrecht zum einfallenden Licht (Parallel- und senkrechte Beobachtung), zu. Bei identischen Schichten (gleiche Art und gleiche Dicke) entspricht das Mach-Zehnder-Interferometer in Parallelbeobachtung dem Michelson-Interferometer in üblicher Benutzungsweise, in senkrechter Beobachtung dem Michelson-Interferometer bei Beobachtung auf der Seite der Lichtquelle. Bei nichtidentischen Schichten wird Intensitätsgleichheit bei einer kontinuierlichen Mannigfaltigkeit von Paaren korrespondierender Schichtdicken erreicht, wobei bei Parallelbeobachtung Schichten gleicher Art aber ungleicher Dicke auszuschließen sind.

Beim reellen Keil ist der Kontrast 1 in Auflicht im Zweistrahlgebiet (Flächen nicht oder schwach verspiegelt) für alle Schichten, im Mehrstrahlgebiet (Flächen stark verspiegelt) nur für nichtabsorbierende Schichten erreichbar, im Durchlicht jedoch für keine Schicht in keinem Gebiet.

Es erscheint möglich, Interferometer mit variablen teildurchlässigen Flächen zu bauen, bei denen eine optimale Anpassung an verschiedene Untersuchungsobjekte erreichbar ist.

LITERATUR

[1] Krug, W., Rienitz, J., Schulz, G., Beiträge zur Interferenzmikroskopie, Berlin 1961.
[2] Hartmann, J., Optik 11, 351 (1954).
[3] Hansen, G., Ztschr. f. techn. Physik 12, 436 (1931).
[4] Kinder, W., Optik 1, 413 (1946).
[5] Gehrcke, E., Die Anwendung der Interferenzen in der Spektroskopie und Metrologie, Braunschweig 1906.
[6] Kennedy, R. J., Proc. Nat. Acad. Sci. 12, 621 (1926).
[7] Rühle, R., Ztschr. f. techn. Physik 24, 221 (1943).
[8] Räntsch, K., Werkstattstechnik u. Maschinenbau 42, 434 (1952).
[9] Tolansky, S., Multiple-beam Interferometry of Surfaces and Films, Oxford 1948.
[10] Holden, J., Proc. Phys. Soc. B 62, 405 (1949).
[11] Bright, R. J., Jackson, D. A., and Kuhn, H., Proc. Phys. Soc. A 62, 225 (1949).
[12] Candler, C., Modern Interferometers, London 1951.
[13] Mayer, H., Physik dünner Schichten I, Stuttgart 1950.
[14] Schulz, G., Ann. d. Phys. (6) 14, 177 (1954).
[15] Schulz, G., Arbeitstagung Optik vom 26.—27. März 1954 in Jena, Berlin 1954, S. 44.
[16] Rienitz, J., Optik 8, 561 (1951).
[17] Rienitz, J., Optik 9, 512 (1952).
[18] Hansen, G., Zeiss Nachr. 4, 109 (1942).
[19] Kahl, G. D., and Bennett, F. D., Journ. appl. Phys. 23, 763 (1952).
[20] Bennett, F. D., and Kahl, G. D., Journ. opt. Soc. Amer. 43, 71 (1953).
[21] Pohlack, H., Jenaer Jahrbuch 1953, Jena 1953, S. 241.
[22] Pohlack, H., Jenaer Jahrbuch 1954, Jena 1954, 1. Teil S. 76.
[23] Pohlack, H., Jenaer Jahrbuch 1954, Jena 1954, 2. Teil S. 430.
[24] Goos, F., Ztschr. f. Physik 100, 95 (1936).
[25] Krautkrämer, J., Ann. d. Phys. (5) 32, 537 (1938).
[26] Françon, M., (Herausgeber), Contraste de Phase et Contraste par Interférences, Paris 1952
[27] Culshaw, W., Proc. Phys. Soc. B 63, 939 (1950).
[28] Sommerfeld, A., Vorlesungen über theoret. Physik, Bd. IV Optik, 1. Aufl., Wiesbaden 1950.
[29] Sennett, R. S., and Scott, G. D., Journ. opt. Soc. Amer. 40, 203 (1950).
[30] Walkenhorst, W., Diss. T. H. Hannover 1940; Ztschr. f. techn. Physik 22, 14 (1941).
[31] Abelès, F., Rev. d'Opt. 32, 257 (1953).
[32] Michelson, A. A., Light waves and their uses, Chikago 1907; Lichtwellen und ihre Anwendungen, übers. von M. Iklé, Leipzig 1911.
[33] Kohlrausch, F., Prakt. Physik, 19. Aufl., Leipzig 1951, Bd. 2
[34] Smakula, A., Ztschr. f. Physik 86, 185 (1933).
[35] Tolansky, S., Vacuum 1, 75 (1951).
[36] Romanowa, Rubzow und Pokrowsky, Phys. Ztschr. Sov 5, 759 (1934).
[37] Strong, J., and Dibble, B., Journ. opt. Soc. Amer. 30, 431 (1940).
[38] Simonsohn, G., Diplom-Arbeit F. U., Berlin 1955.
[39] Holden, J., Journ. opt. Soc. Amer. 41, 504 (1951).
[40] Cario, G., und Kallweit, J. H., Ztschr. f. Physik 140, 47 (1955).
[41] Moore, A. S., Journ. scient. Instr. 22, 101 (1945).
[42] Greenland, K. M., Journ. scient. Instr. 23, 48 (1946).
[43] Burridge, J. C., Kuhn, H., and Pery, A., Proc. Phys. Soc. B 66, 963 (1953).

[44] MESSNER, R., Zeiss Nachr. **4**, 253 (1943).
[45] KUHN, H., Report of Progress in Physics **14**, 65 (1951).
[46] PFUND, A. H., Journ. opt. Soc. Amer. **24**, 99 (1934).
[47] HAMMER, K., Optik **3**, 495 (1948).
[48] GEFFCKEN, W., Glastechn. Ber. **24**, 143 (1951).
[49] HAMMER, K., Optik **5**, 365 (1949).
[50] GREENLAND, K. M., Journ. scient. Instr. **23**, 48 (1946).
[51] POHLACK, H., Jenaer Jahrbuch 1956, Jena 1956, S. 79.
[52] BIRCHBY, W. N., Proc. Nat. Acad. Sci. **10**, 452 (1924).
[53] SCHAEFER, Cl., und ROSEMANN, J., Ztschr. f. techn. Physik **20**, 193 (1939).
[54] TURNER, A. F., Journ. de Phys. et Le Radium **11**, 444 (1950).
[55] POHLACK, H., Jenaer Jahrbuch 1958, Jena 1958, 2. Teil, S. 102.
[56] DELAUNAY, G., Rev. d'Opt. **32**, 610 (1953).
[57] DYSON, J., Proc. Roy. Soc. A **216**, 493 (1953).
[58] KRUG, W., und LAU, E., Die Technik **6**, 122 (1951).
[59] KRUG, W., und LAU, E., Ann. d. Phys. (6) **8**, 329 (1951).
[60] SCHRÖDER, H., Optik **3**, 499 (1948).
[61] SCHRÖDER, H. und SCHLÄFER, R., Ztschr. f. Naturforschg. **4a**, 576 (1949).
[62] SCHRÖDER, H., Ztschr. f. angew. Physik **3**, 53 (1951).
[63] NAUMANN, H., Optik für Konstrukteure, Halle (Saale) 1949.
[64] BLANKE, W., und LOHMANN, A., Optik **14**, 361 (1957).
[65] RÄNTSCH, K., DBP 848 717, Kl 42^h, Gr. 34^{11}, eingereicht am 15. 11. 1949.
[66] LEURGANS, P., and TURNER, A. F., Journ. opt. Soc. Amer. **37**, 983 (1947).
[67] DUFOUR, C., et Cie des compteurs, franz. Patent BF 993, 098 du 2 juin 1949; Rev. d'Opt. **31**, 317 (1952).